金砖国家技能发展与技术创新大赛成果转化系列教材

智能制造生产线运营与维护

主　编　刘怀兰　孙海亮
副主编　陈岁生　薛培军　李　强　王琳辉　莫奕举
主　审　阎辰皓　周　理

机 械 工 业 出 版 社

本书以金砖国家技能发展与技术创新大赛和全国智能制造应用技术技能大赛的竞赛内容与平台为依托，采用任务驱动的模式编写，共分为 4 篇：基础理论篇，包含 4 个项目，这部分内容从智能制造信息化系统认知、工业大数据应用概述、智能制造生产线集成技术认知、RFID 技术与智能仓库认知等方面讲解了相关基础理论知识；基础训练篇，包含 8 个项目，这部分内容从切削加工智能制造单元的认知与软件应用、总控 PLC 的编程与调试、RFID 系统的调试与应用、华数机器人的编程与调试、在线检测、数控机床、智能制造生产线常见故障的排除等方面阐述了智能制造产线运营与维护的相关知识；综合训练篇，包含 3 个项目，这部分内容主要介绍了切削加工智能制造单元控制系统整体流程控制处理、切削智能制造个性化产品的设计与加工制造等知识，并对职业能力八项指标进行了解读；创意作品案例篇，这部分内容介绍了几个优秀原创作品展示。

本书可作为金砖国家技能发展与技术创新大赛和全国智能制造应用技术技能大赛辅导用书，还可作为应用型本科和高职院校智能制造工程、机器人工程、智能制造控制技术、工业机器人技术、机械工程、自动化、机电一体化、物联网、计算机等专业的教材，也可作为智能制造与自动化工程技术人员进修资料及培训用书。

图书在版编目（CIP）数据

智能制造生产线运营与维护/刘怀兰，孙海亮主编. —北京：机械工业出版社，2020.4（2025.2 重印）

金砖国家技能发展与技术创新大赛成果转化系列教材

ISBN 978-7-111-65809-2

Ⅰ.①智… Ⅱ.①刘… ②孙… Ⅲ.①智能制造系统-自动生产线-运营-教材②智能制造系统-自动生产线-维修-教材 Ⅳ.①TH166

中国版本图书馆 CIP 数据核字（2020）第 096078 号

机械工业出版社（北京市百万庄大街 22 号 邮政编码 100037）
策划编辑：陈玉芝 王振国 责任编辑：王振国 陈玉芝
责任校对：张 薇 封面设计：陈 沛
责任印制：李 昂
河北京平诚乾印刷有限公司印刷
2025 年 2 月第 1 版第 9 次印刷
187mm×260mm・12.25 印张・302 千字
标准书号：ISBN 978-7-111-65809-2
定价：39.80 元

电话服务 网络服务
客服电话：010-88361066 机 工 官 网：www.cmpbook.com
 010-88379833 机 工 官 博：weibo.com/cmp1952
 010-68326294 金 书 网：www.golden-book.com
封底无防伪标均为盗版 机工教育服务网：www.cmpedu.com

金砖国家技能发展与技术创新大赛成果转化系列教材
编委会名单

前　言

　　智能制造是基于新一代信息通信技术与先进制造技术的深度融合，贯穿于设计、生产、管理、服务等制造活动的各个环节，具有自感知、自学习、自决策、自执行、自适应等功能的新型生产方式。智能制造生产线具有制造柔性化、智能化和高度集成化等特点。随着先进制造技术、新一代信息技术、人工智能技术、智能优化技术、大数据分析与决策支持技术等智能制造关键技术的发展，智能制造将在企业中得到广泛实施，智能制造生产线领域将给产业界带来巨大的变革。

　　目前，智能制造生产线运营与维护人才非常缺乏，而职业院校也缺少合适的训练平台与对应的教材。金砖国家技能发展与技术创新大赛是在"一带一路"背景下开展的一项大型赛事，它涵盖了数字化、网络化、智能化中的关键技术，并通过成员国之间的同台竞技与交流合作，在"一带一路"范围内促进智能制造技术的应用和推广。全国智能制造应用技术技能大赛是为了推进智能制造行业应用人才培养所举办的一项赛事，大赛采用离散型制造的典型模式——机械切削加工领域"智能制造"单元，结合高档数控机床与工业机器人、智能传感与控制装备、智能检测与装配装备、智能物流与仓储装备，以及智能制造信息化系统等智能制造关键技术装备、软件系统进行赛项设计，展示了自动化、数字化、网络化、集成化、智能化的功能和思想。两项赛事充分展示了智能制造技术与产业发展成果，为智能制造生产线的运营与维护搭建了人才培养平台，引领了智能制造紧缺人才培养方向和相关院校专业转型升级。本书以两项大赛的竞赛内容与平台为依托，从智能制造的基本概念、常见智能制造装备的调试与应用、智能制造产线的综合应用、优秀应用案例等方面，通过任务驱动、项目导向的教学方法力争使读者掌握智能制造生产线的运营与维护技能。

　　为本书制作配套资源的课程开发团队针对智能制造生产线运营与维护开发了大量的教学资源，相关内容可以联系武汉高德信息产业有限公司（E-mail：market@gdcourse.com）索取，还可以登录本书配套的数字化课程网站 http://www.accim.com.cn（智能制造 立方学院）通过网络课程学习。下载"高德e课"APP，扫一扫书中二维码可观看相关资源。

　　本书由刘怀兰、孙海亮任主编，陈岁生、薛培军、李强、王琳辉、莫奕举任副主编。参加编写的人员还有：龚承汉、廖志远、卢青波、周彬、郭伟刚、陈栋、张伟、汪林俊、蔡松明、石义淮、刘阳、熊细莹、周铭。全书由阎辰皓、周理主审。在本书编写过程中，杭州职业技术学院、郑州职业技术学院、湖南工业职业技术学院、赤峰工业职业技术学院、武汉华中数控股份有限公司、武汉高德信息产业有限公司、深圳华数机器人有限公司等院校和企业提供了许多宝贵的建议，在此郑重感谢。

　　限于编者水平和经验，本书难免有疏漏与不妥之处，恳请广大读者批评指正。

编　者

目 录

综合训练篇

创意作品案例篇

基础理论篇

项目1 智能制造信息化系统认知

　　智能制造是指具有信息自感知、自决策、自执行、自学习、自适应等功能的先进制造过程、系统与模式的总称。智能制造大体具有4大特征：以智能工厂为载体，以关键制造环节的智能化为核心，以端到端的数据流为基础，以网络互联为支撑。其主要内容包括智能产品、智能生产、智能工厂和智能物流等。

　　通过本项目的学习，学生能够了解智能制造的概念及特征，智能制造信息化系统的基本架构及各部分的功能，为后续学习和今后从事智能制造技术领域的工作打下坚实的基础。

一、智能制造概述

　　智能制造是基于新一代信息通信技术与先进制造技术的深度融合，贯穿于设计、生产、管理和服务等制造活动的各个环节，具有自感知、自学习、自决策、自执行和自适应等功能的新型生产方式。智能制造广义的概念包含5个方面：产品智能化、装备智能化、生产方式智能化、管理智能化和服务智能化。

　　（1）产品智能化　产品智能化是指把传感器、处理器、存储器、通信模块和传输系统融入各种产品，使产品具备动态存储、感知和通信的能力，从而实现产品的可追溯、可识别、可定位。计算机、智能手机、智能电视、智能机器人和智能穿戴设备都是物联网的"原住民"，这些产品一生产出来就是网络终端。空调、冰箱、汽车、机床等都是物联网的"移民"，未来这些产品都需要连接到网络世界。

　　（2）装备智能化　通过先进制造、信息处理、人工智能等技术的集成和融合，可以形成具有感知、分析、推理、决策、执行、自主学习及维护等自组织、自适应功能的智能生产系统以及网络化、协同化生产设施，这些都属于智能装备。

　　（3）生产方式智能化　个性化定制、极少量生产、服务型制造以及云制造等新业态、新模式，其本质是在重组客户、供应商、销售商以及企业内部组织的关系，重构生产体系中信息流、产品流、资金流的运行模式，重建新的产业价值链、生态系统和竞争格局。

（4）管理智能化　随着纵向集成、横向集成和端到端集成的不断深入，企业数据的及时性、完整性、准确性不断地得到提高，必然使管理更加准确、更加高效、更加科学。

（5）服务智能化　智能服务是智能制造的核心内容，越来越多的制造企业已经意识到从生产型制造向生产服务型制造转型的重要性。个性化的研发设计、总集成、总承包等新型服务产品的全生命周期管理，会伴随着生产方式的变革不断出现。

二、智能制造信息化系统

通过信息化建设，将人、机、料、法、环等重要环节有机地结合起来，可以实现底层数据的互联互通，充分发挥设备的生产能力，提高员工的工作效率，确保企业业务的高效运转。智能制造信息化系统通常包含5层内容，如图1-1所示。

（1）现场层　现场层主要包括生产制造过程中所用到的各类生产设备和检测设备，它是底层生产数据的基本来源。通过更新设备或者增加检测采集设备可以对数据进行收集分析，充分发挥设备的生产能力。

（2）基本控制层　该层主要是指车间基础控制系统，包括可编程序控制器（Programmable Logic Controller，PLC）、分布式控制系统（Distributed Control Systems，DCS）和分布式数控（Distributed Numerical Control，DNC）等。通过基础控制系统，可以将现场设备层的各种设备组成数据网络，实现数据的收集。

（3）监视控制层　监视控制层通过组态将基本控制层的数据可视化。人机界面（HMI）是监控系统的操作窗口。它以模拟图的形式向操作人员提供工厂信息，模拟图是控制工厂的示意图，以及报警和事件记录页面。HMI连接到数据采集与监视控制（SCADA）系统的监控计算机上，提供实时数据以驱动模拟图、警报显示和趋势图。

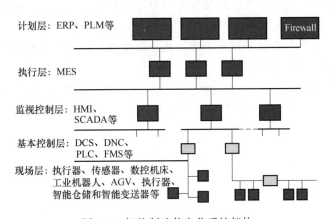

图1-1　智能制造信息化系统架构

（4）执行层　在执行层，最主要的应用是制造执行系统（Manufacturing Execution System，MES）。MES主要负责制造执行管理，是具体制造职能部门最核心的应用，也是连接企业管理层与生产现场的"数据交换机"。MES能通过信息传递对从订单下达到产品完成的整个生产过程进行优化管理。

（5）计划层　在计划层，主要是企业资源计划（Enterprise Resource Planning，ERP）系统

和产品生命周期管理（Product Lifecycle Management，PLM）系统。ERP 主要负责企业资源计划管理，是企业管理的核心应用，主要包括供应链管理、销售与市场、分销、客户服务、财务管理、制造管理、库存管理、人力资源、报表，以及金融投资、质量管理、法规与标准等功能。

而 PLM 主要关注产品的全生命周期管理，是产品工程的核心应用。在产品的全生命周期管理中，很重要的一个就是数字孪生（Digital Twin）模型，它是对物理对象进行数字化建模，并呈现在虚拟空间中的一种技术手段，或者是一种产品制造模式。与产品相关的原材料、设计、工艺、生产计划、制造执行、生产线规划、测试和维护等均被建立模型，以实现全流程数字化、可视化（三维）和闭环管理，并不断地发现和规避问题，优化整个产品系统。

在这些信息化系统中，产品全生命周期管理（PLM）平台、企业资源计划（ERP）系统和制造执行系统（MES）是机械制造企业信息化建设的核心。这三套系统完整地覆盖了制造企业内部核心价值链的各关键业务环节，使得整个企业的生产经营过程严格按照计划有序执行，从而有效控制产品成本和交货周期，提升企业运营水平。

 【思考与练习】

1. 智能制造是指具有信息＿＿＿＿＿＿＿＿、＿＿＿＿＿＿＿＿、＿＿＿＿＿＿＿＿等功能的先进制造过程、系统与模式的总称。智能制造大体具有四大特征：以智能工厂为＿＿＿＿＿＿＿＿，以关键制造环节的智能化为＿＿＿＿＿＿＿＿，以＿＿＿＿＿＿＿＿为基础，以网络互联为＿＿＿＿＿＿＿＿。

2. 智能制造作为广义的概念，包含了五个方面：＿＿＿＿＿＿＿＿、＿＿＿＿＿＿＿＿、＿＿＿＿＿＿＿＿、＿＿＿＿＿＿＿＿和＿＿＿＿＿＿＿＿。

3. 智能制造信息化系统通常包含五层内容，它们是＿＿＿＿＿＿＿＿、＿＿＿＿＿＿＿＿、＿＿＿＿＿＿＿＿、＿＿＿＿＿＿＿＿和＿＿＿＿＿＿＿＿。

4. 人机界面（HMI）是监控系统的操作员窗口。它以＿＿＿＿＿＿＿＿的形式向操作人员提供工厂信息以及报警和事件记录页面。

5. ＿＿＿＿＿＿＿＿主要负责制造执行管理，是具体制造职能部门最核心的应用，也是连接企业管理层与生产现场的"数据交换机"。

6. 在计划层，主要是＿＿＿＿＿＿＿＿和＿＿＿＿＿＿＿＿系统。前者主要负责企业资源计划管理，是企业管理的核心应用。后者主要关注产品的＿＿＿＿＿＿＿＿管理，是产品工程的核心应用。

项目2 工业大数据应用概述

2

任务1 工业大数据的概念及特征

一、大数据的概念

大数据（Big Data）是以容量大、类型多、实时性强、价值高和真实性为主要特征的数据集合。通过对数据巨大、来源分散、格式多样的数据进行采集、存储和关联分析，来实现从数据到信息、从信息到知识、从知识到决策的转化，从而显著提高企业管理层的决策能力、洞察能力和流程优化能力。

二、大数据的特点

对于大数据的特点，目前学界和业界提出了"5V"，即大容量（Volume）、多样性（Variety）、快速变化（Velocity）、低价值密度（Value）和真实性（Veracity）。

（1）大容量（Volume） 大容量指的是巨大的数据量以及规模的完整性。数据的存储从 TB 级扩大到 PB 级乃至 ZB 级。

（2）多样性（Variety） 多样性是指数据格式种类的多样化，除了传统的结构化数据以外，还有大量的非结构化数据，如文本、表格、图像、视频等数据形式均可能同时存在。

（3）快速变化（Velocity） 它有两层含义：一是，数据的产生更加动态化，有大量的实时、高频的数据产生，对数据的读写和存储提出了高要求和挑战。二是，对数据处理的实时性和快速响应能力的要求，各种决策和处理需要在瞬间做出，这需要流处理（Streaming）等技术的支持。

（4）低价值密度（Value）　大数据的价值具有稀缺性、不确定性和多样性的特点，其价值隐藏在海量数据之中，往往价值密度很低，需要经过大量的分析处理才能挖掘出大数据的高价值，从而体现大数据运用的真实意义。

（5）真实性（Veracity）　真实性是一切数据价值的基础，数据的真实性直接影响数据的质量。一般地，可以从三个方面来确保大数据的真实性：一是，要确保数据出处来源的可靠性。二是，在数据的采集、存储和处理过程中，要尽可能地降低数据传递过程中的误差和失真。三是，进行数据分析要采取求真务实的态度，准确掌握和运用正确的数据分析技术、方法和手段，以确保数据分析结果的可信度。

三、大数据平台的架构及特点

大数据平台是智能产线进行智能决策的基础平台之一，它由数据源、数据整合、数据建模、流计算、大数据应用5个部分组成，如图2-1所示。大数据平台的架构必须具备实时的数据和事件捕获、流数据处理技术、分析和优化技术以及预测性分析四个方面的特点。

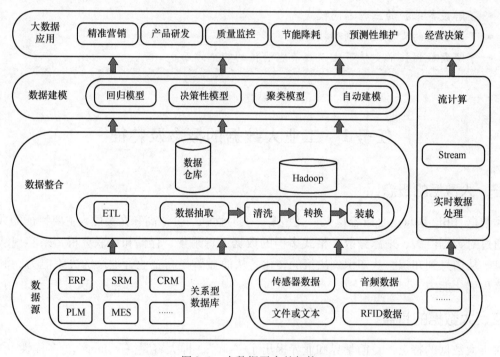

图 2-1　大数据平台的架构

（1）数据源　使用RFID射频识别、传感技术、嵌入式技术、总线通信等信息技术，将多种感知技术手段采集的、分散的产品设计、生产、供应链信息等数据，通过可靠的信息传输设备，并汇聚PLM、ERP、MES等系统的数据，传输到大数据中心。

（2）数据整合　由于大数据平台管理的数据量极大，种类繁多，因此需要对这些数据进行整合。数据整合包括数据抽取、清洗、转换、装载的过程，同时提供数据质量的管理、调度与监控。数据整合是构建数据中心的关键环节，按照统一的规则集成并提高数据的价值，负责完成数据从数据源到目标数据中心的转化过程。

（3）数据建模 大数据平台需要提供多种数据挖掘算法（包括分类、关联、细分等类型），并提供自动建模技术。在自动建模过程中需要尝试多种方法，比如：测算、比较和评估多个不同的建模方法，以获得最优解决方案。通过建模方法、算法模型设计，可以在智能制造的多个领域对大数据的价值进行深入挖掘。常用的算法模型包括聚类模型、决策性模型、回归模型、关联模型、线性规划和时间序列模型等，如图2-1所示。

（4）流计算 在智能制造生产过程中，会产生大量的实时数据，如生产线的工艺过程数据、设备状态数据、传感数据等。在这样的应用场景下，需要提供可伸缩的计算平台和并行架构来处理生成的海量数据流。如果采用传统的数据处理方式，经过数据采集、整合、存储、建模、挖掘和分析等一系列复杂的过程，往往时效性不能满足分析和决策的实时性要求，错失一些机会。利用实时性强的流计算分析方式，可以有效地解决这样的问题。大数据平台采用数据流（Stream）计算技术，可以从1min到数小时的窗口移动信息（数据流）中，发掘出有价值的新信息。

（5）大数据应用 大数据应用包括精准营销、产品研发、质量监控与分析、节能降耗、预测性维护等各种应用场景，大数据的应用正加速渗透到工业生产和日常生活的各个方面。

【思考与练习】

1. 大数据（Big Data）是以＿＿＿＿＿＿、＿＿＿＿＿＿、＿＿＿＿＿＿、＿＿＿＿＿＿和＿＿＿＿＿＿为主要特征的数据集合。

2. 大数据的特点有＿＿＿＿＿＿、＿＿＿＿＿＿、＿＿＿＿＿＿、＿＿＿＿＿＿、＿＿＿＿＿＿五种，即"5V"。

3. 大数据快速变化的两层含义分别是指＿＿＿＿＿＿和＿＿＿＿＿＿。

4. 数据平台的架构必须具备＿＿＿＿＿＿、＿＿＿＿＿＿、＿＿＿＿＿＿以及＿＿＿＿＿＿四个方面的特点。

5. 大数据平台由哪5个部分组成？简述各个部分内容的特点。

任务2 工业大数据的典型应用

大数据的应用可以说是无处不在，这里主要关注大数据在工业企业的智能制造的典型应用。其主要应用场景包括协助产品研发、过程质量控制、设备预测性维护和生产过程能耗优化等。

一、大数据助力产品研发

对于制造业企业来说，绝大多数的产品要通过销售渠道来销售，制造企业难以获得产品的关键信息，如产品在何时、何处、被何人、以何种方式使用等。互联网和物联网带给制造业企业最大的便利之一，就是企业获得了低成本直接与终端消费者/用户，甚至是产品直接与消费者互动的机会，获得了大量的关于产品（如运行状态、故障等）与消费者/用户（使用偏好、评价、反馈等）的数据，为产品的研发和改进奠定了数据基础。

二、大数据驱动的制造过程质量控制

产品质量是产品及企业在市场中的核心竞争力，而产品质量很大程度上取决于产品的制造过程。著名学者 Montgomery 给出了质量的现代定义，即质量与波动性成反比，强调了低质量的根源在于高波动。波动可能来自多个方面，与操作人员、生产设备、生产原料、生产过程、生产环境和测量方法等都有密切的关系，如果能有效地控制这些影响质量的因素，就能有效地降低波动，从而提升质量。

制造过程越来越复杂，衡量产品质量的维度和影响质量的因素也越来越多，这些都给质量控制带来了巨大的挑战。大数据驱动的制造过程质量控制可实现诸多创新，主要包括以下几方面：

1）通过全量数据的收集与分析，显著地提升了质量控制的精准度。采用大数据分析技术，可以分析和评估每一个因素对质量的影响，从而能够更加精准地对质量进行控制。

2）引入大数据的相关性分析，突破了传统质量数据处理方式。大数据更多地关注相关性，能分析多种不同因素对质量的交互影响，从而更准确地识别影响质量的关键因素。

3）建立产品质量与生产过程的实时关联，不断地优化制造过程。采用大数据分析技术，实时地监控、同步分析产品质量及其相应的环境、设备和工艺参数，建立质量指标、参数配置与实时生产的强关联性，以实现生产过程中的最优参数配置，进一步提升产品的产出质量。

4）实现制造过程的实时监控，预防产品质量问题的产生。基于大数据驱动的质量控制，不仅对产品质量本身进行实时的监控，同时对整个生产过程进行监控，包括人员、设备和工序等。大数据驱动的质量控制，能够实现针对异常现象的实时、准确的诊断，快速完成异常处理，减少质量问题的产生。

三、生产设备的预测性维护

"凡事预则立，不预则废。"对于制造企业的命脉——生产设备来说，尤其如此。基于设备大数据的分析和数据挖掘，可以使维护人员和管理人员能够提前预测设备故障，做到防患于未然，提前发现设备潜在的运行风险，并进一步优化设备的运维计划和提高设备的运行效率，从而有效地延长设备使用寿命。如图 2-2 所示，总结了被动式维护、规划式维护和预测式维护三种不同模式的特点。

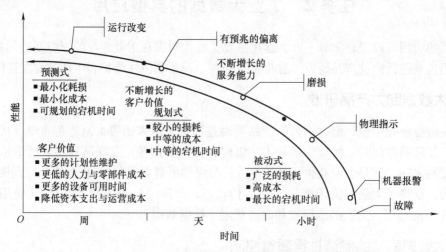

图 2-2　被动式、规划式和预测式维护模式的不同特点

基于大数据的设备故障预测，需要用到多种统计分析、数据挖掘及机器学习技术，并从多维度进行分析。表2-1列举了常用的设备故障预测技术。

表2-1　常用的设备故障预测技术

模型描述	价值	分析模型	数据源	解决的业务问题
主要部件故障预测	通过设备的健康指数，预测可能发生的故障	分类模型	维修历史，流体分析，重要信息管理系统，事件日志等	是否有迹象显示主要部件在近期将发生故障
通过特定设备历史数据，预测部件的生命周期	了解每个小故障可能带来的影响，同时估算部件的生命周期	回归模型	维修历史、时间日志等	小故障如何影响部件的生命周期？其中，设备运行环境的影响占多大比例
识别并发故障	根据历史数据来识别高概率的设备并发故障	关联性模型	保修数据，维修历史	哪些故障容易并发
识别设备集群中的异常	识别异常运作的设备群	聚类模型	内容管理系统（趋势、流体分析、时间日志）和其他电子数据	在某现场或某个设备集群中，哪些设备的行为异于其他设备
统计过程控制	识别统计意义上的罕见状态，以对该状态进行进一步检查	运行控制图、范围控制图	内容管理系统（趋势、流体分析、时间日志）和其他电子数据	当监测到电子数据发生变化时，系统根据哪种规则触发警报
综合预测部件生命周期	延长部件使用寿命	威布尔分析	产品生命周期管理系统，维修历史、时间日志等	部件的生命周期数据怎样用于产品设计、反应时间决策等

将设备预测性维护的思路应用到产品服务中，可以实现预测性的售后服务，这将创新甚至颠覆整个售后服务体系，而制定个性化的保修策略，也为开展设备租赁服务、零宕机（或极低宕机率）服务等新型业务带来新机遇。

四、基于大数据的工业节能

企业不但需要考虑更多的社会责任，也面临日益苛刻的环保法规约束。实现工厂能源优化的基础是能源消耗的可视化，物联网和信息系统使得工厂能源信息的采集和管理系统逐渐建立起来。各种传感器的加装以及能源管理系统的建立提供了能源消耗、能源供应、生产状态、设备与环境参数的统一视图，加上制造执行系统提供的生产数据，能够为工厂实现设备粒度级别的能耗监控及状态监控，并为实现能源优化而进行实时的调整、控制奠定了基础。

在实现了能源消耗可视化的基础上，再借助大数据的分析和优化技术，可以通过以下四个方面有效地节省能耗。

（1）优化排产　通过精准地预测需求、优化生产计划，可以有效地缩短不必要的生产设备开机运行时间，从而减少能源浪费。

（2）优化设备使用　在优化安排生产的基础上，结合生产和设备的特点，合理地调度设备的使用，适时关停设备或将设备置于待机（或节能）状态，从而减少不必要的能源消耗。

（3）平衡能源供需　基于对能源供应以及需求的精确预测，合理地调度生产活动，就可以有效地避免供过于求时的能源浪费或供不应求时对生产进度的影响。

（4）合理利用次生能源　对于钢铁、石化等流程行业来说，生产过程中除了消耗大量的一次能源，如煤、电等，同时也产生大量的次生能源，如高压蒸汽、可燃气体等。由于这些能源的存储难度极大，如果不能及时有效地利用，必将造成大量的能源浪费。对能源产生及消耗进行精确的监控与预测，并进一步优化排产及工艺，可以有效地避免次生能源的浪费。

1. 大数据及其在智能
生产线中的应用

【思考与练习】

1. 工业大数据的主要应用场景包括_____、_____、_____和生产过程能耗优化等。

2. 在产品制造过程中，使用大数据进行质量控制可实现_____、_____、_____、_____等诸多创新内容。

3. 生产设备的预测性维护可以分为_____、_____、_____三种类型。

4. 设备故障预测技术常用的分析模型有_____、_____、_____、_____和_____。

5. 举例说明借助大数据分析和优化技术可以从哪些方面节省工厂的能源损耗。

项目3　智能制造生产线集成技术认知

3

◇ 知识目标
- 了解智能制造的概念。
- 了解智能制造生产线的概念。
- 了解智能制造生产线的基本构成、核心技术及功能。
- 了解智能制造生产线的应用行业。
- 了解智能制造生产线的典型应用案例。

任务1　智能制造生产线的概念和基本构成

什么是智能制造？什么是智能制造生产线？智能制造生产线都由哪几部分构成？其核心技术是什么？这一系列问题就是本任务要解决的主要内容。

通过本课程的学习，学生能够了解中国制造2025中提到的智能制造的概念，了解智能制造生产线的概念，掌握智能制造生产线的组成及核心技术。为学生后续学习和今后从事智能制造技术领域的工作打下坚实的基础。

一、智能制造的概念

智能制造（Intelligent Manufacturing，IM）是基于新一代信息通信技术与先进制造技术的深度融合，贯穿于设计、生产、管理、服务等制造活动的各个环节，具有自感知、自学习、自决策、自执行和自适应等功能的新型生产方式。

二、智能制造生产线的概念

智能制造生产线不等同于自动化生产线，而是在自动化生产线的基础上融入了信息通信技术、人工智能技术，具备了自感知、自学习、自决策、自执行、自适应等功能，从而具备了制造柔性化、智能化和高度集成化的特点。

自动化生产线与智能制造生产线两者各有不同的特点，见表3-1。

2. 智能生产线工作
流程简介

表 3-1　自动化生产线与智能制造生产线的特点比较

序号	自动化生产线	智能制造生产线
1	主要用于批量生产。能够生产足够大的产量，适合产量需求高的产品	可进行小批量、定制加工。能够支持多种相似产品的混线生产和装配，灵活调整工艺，适应小批量、多品种的生产模式
2	通过改善生产线工艺、流程来提高产品质量。在大批量生产中采用自动化生产线能提高劳动生产率、稳定性和产品质量	能够自我感知、自我学习、自我分析，提高产品质量。能够通过机器视觉和多种传感器进行质量检测，自动剔除不合格品，并对采集的质量数据进行信息物理系统统计过程控制（SPC）分析，找出质量问题的成因，提高产品质量
3	生产线柔性低，流程固定。产品设计和工艺要求先进、稳定、可靠，并在较长时间内基本保持不变	智能生产线柔性高，生产过程、操作过程更智能。在生产和装配过程中，能够通过传感器或 RFID（射频识别）自动进行数据采集，并通过电子看板显示实时生产状态。具有柔性，如果生产线上有设备出现故障，能够调整到其他设备生产。针对人工操作的工位，能够给予智能的提示

三、智能制造生产线的基本构成

智能制造生产线基于先进控制技术、工业机器人技术、视觉检测技术、传感技术以及 RFID 技术等，集成了多功能控制系统和顶尖检索设备，可以实现产品多样化定制、批量生产。在智能制造生产线上，工人、加工件与机器可以进行智能通信和协同作业，同一条生产线能够同时生产各种不同的产品。智能制造生产线主要由智能产品（装备）、智能生产和智能服务 3 个系统组成。

1. 智能产品（装备）

智能产品是指用于智能制造生产线上的自动化设备，是发展智能制造的基础与前提。智能产品具有监测、控制、优化和自主 4 个方面的功能。智能产品（或装备）主要有以下几种：

（1）自动化传送设备　这是指在生产线上按照生产任务要求，自动完成物料从原位置移动、搬运、传送到指定位置的自动化设备，主要包括托盘式、悬挂式、传输带式传送设备以及自动导引车等，如图 3-1 ~ 图 3-4 所示。其中，自动导引车（Automated Guided Vehicle，AGV）是自动化程度比较高的传送设备，是指装备具有电磁或光学等自动导引装置，能够沿规定的导引路径行驶，具有安全保护以及各种移载功能的搬运车，它以可

3. AGV 导航介绍

充电的蓄电池作为动力来源，可通过计算机控制其行进路线和行为，或利用贴于地面的电磁轨道来设立其行进路线，无人搬运车通过电磁轨道带来的信息进行移动和动作。

图 3-1　自动导引车

图 3-2　托盘式传送装置

图 3-3　悬挂式传送装置

图 3-4　传输带式传送装置

（2）工业机器人　工业机器人是面向工业领域的多关节机械手或多自由度的机器装置，是靠自身动力和控制能力来实现各种功能的一种自动执行工作的机器。工业机器人按功能划分，主要有焊接工业机器人、搬运工业机器人、装配工业机器人、打磨机器人、码垛机器人和机械加工机器人等，如图 3-5 ~ 图 3-10 所示。

4. 智能生产线
Scara 机器人简介

图 3-5　焊接工业机器人

图 3-6　搬运工业机器人

图 3-7　装配工业机器人

图 3-8　打磨机器人

图 3-9　码垛机器人

图 3-10　机械加工机器人

（3）产品条码读写设备 RFID　射频识别（Radio Frequency Identification，RFID）是一种通信技术，它可通过无线电信号识别特定目标并读写相关数据，而无须在识别系统与特定目标之间建立机械或光学接触的设备，如图 3-11 ~ 图 3-12 所示。

（4）CNC 自动化加工设备　CNC（Computer Numerical Control）自动化加工设备，一般是指数控机床，是装有程序控制系统的自动化机床。数

5. 物料标示数据
采集方法简介

图 3-11　条形码扫描打印设备

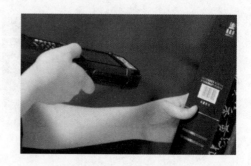

图 3-12　扫码示意图

控机床根据功能的不同，可分为数控加工中心、数控车床和数控冲床等，如图 3-13、图 3-14 所示。

图 3-13　数控加工中心

图 3-14　数控车床

（5）各种传感器及自动开关　传感器（transducer/sensor）是一种检测装置，能感受到被测量的信息，并能将感受到的信息按一定规律转换成为电信号或其他所需的信息输出形式，以满足信息的传输、处理、存储、显示、记录和控制等要求。常用的传感器及自动开关如图 3-15 所示。

图 3-15　常用的传感器及自动开关

（6）SCADA 监控及采集模块　SCADA（Supervisory Control And Data Acquisition）即数据采集与监视控制的简称。SCADA 系统是以计算机为基础的自动化监控系统。数据采集卡、数据采集仪表、数据采集模块均是数据采集工具。其中，数据采集模块由传感器和控制器等组成，它将通信、存储芯片集成到一块电路板上，具有近程或远程收发信息、数据传输等功能，如图 3-16 ~ 图 3-19 所示。

6. 立体料仓硬件
设备选型

图 3-16　无线数据采集模块

图 3-17　PLC 输入/输出模块

图 3-18　生产信息电子看板

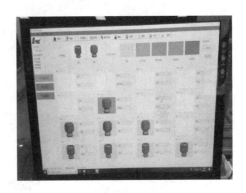

图 3-19　SCADA 监控界面

（7）自动化立体仓库　自动化立体仓库为自动化的原材料及加工成品的存取仓库，是物流仓储中出现的新概念，主要由立体货架、有轨巷道堆垛机、出入库托盘输送机系统、尺寸检测条码阅读系统、通信系统、自动控制系统、计算机监控系统、计算机管理系统以及其他辅助设备组成。它具有仓库高层合理化、存取自动化、操作简便化的特点，如图 3-20、图 3-21 所示。

图 3-20　自动化立体仓库

图 3-21　智能制造生产线立体料仓

2. 智能生产

智能生产是指智能制造信息化系统，以智能工厂为载体，通过在工厂和企业内部、企业之间以及产品的全生命周期形成以数据互联互通为特征的制造网络，最终实现生产过程的实时管理和优化。智能制造信息化系统主要包括企业经营管理系统、制造执行系统（MES）和自动化系统。

3. 智能服务

智能服务的载体是信息通信技术，基于互联网、物联网平台，通过采集设备运行数据、车间环境数据、仓储物流数据、工人数据等信息，并上传至企业数据中心（企业云），以实现系统软件对设备的实时在线监测、控制，并能够经过数据分析提前进行设备维护，如图3-22所示。

图 3-22 以信息技术为载体的智能服务示意图

 【思考与练习】

1. 智能制造是基于新一代信息通信技术与先进制造技术的深度融合，具有_____、_____、_____、_____和_____等功能的新型生产方式。

2. 智能制造生产线的优点在于能够_____、_____、_____。

3. 智能制造生产线由_____、_____、_____三个智能系统构成。

4. 智能产线中常用的智能设备有_____、_____、_____、_____、_____和_____。

5. 智能服务是以_____技术为载体，以_____、_____为基础实现设备状态的实时监测。

任务2 智能制造生产线的典型应用

智能制造将是我国制造业转型升级的方向。目前，我国在汽车制造、包装、乳制品加工、电器制造与装配等行业应用了智能制造。这里以蒙牛集团智能包装、西门子公司定制化纪念印章智能制造、海尔集团空调外机智能装配、华晨宝马公司焊装等智能生产线等为例，介绍智能制造生产线的典型应用。

一、蒙牛集团智能制造数字化车间智能包装生产线

图 3-23 所示为蒙牛集团的智能包装生产线。

图 3-23　蒙牛集团的智能包装生产线

该生产线主要由 MES、生产看板、智能罐装机、智能传送装置、码垛机器人、自动导引车、自动化立体仓库等部分组成，如图 3-24～图 3-28 所示。MES 进行实际生产运营数据的管理，采集运营数据，采集自动化设备生产过程中涉及成本、质量、效率等的关键数据，可以实现根据客户的个性定制进行智能排产。包装机械用于牛奶的包装。传送装置用于将包装好的产品进行传送及传送过程中的智能纠错。码垛机器人用于牛奶包装箱的码垛。自动导引车负责转运，送至立体仓库区，并将产品放入智能化的立体仓库。在每一个包装箱上均有一个二维码，通过生产线上的扫码设备可以实时地监控每个产品的状态和位置。同时，生产线的顶端显眼位置会有一块电子看板，利用电子看板可以监控到整个包装生产线的过程、产量等信息。

图 3-24　MES

图 3-25　智能罐装机及传送装置

二、西门子公司定制化纪念印章智能制造生产线

图 3-29 为西门子公司定制化纪念印章智能制造生产线，共有设计区、上下料区、数控加工区、质检区、激光打标区、装配区、包装区、交验区等区域。该生产线由客户个性化定制下单的

图 3-26　码垛机器人

图 3-27　自动导引车

图 3-28　自动化立体仓库

图 3-29　西门子公司纪念印章智能制造生产线

手机微信平台、智能设计、自动数控编程、工艺规划、虚拟加工系统、生产管控 MES、数控铣床、数控车床、激光打标机、上下料六轴工业机器人、自动装配装置、包装装置、印章托盘式传送装置、RFID 标签、读写装置、自动质量检测设备、生产过程看板等部分组成。

客户通过手机微信平台对纪念印章的尺寸、颜色、形状等参数进行个性化定制并下单。当客户现场输入设计参数后，这些参数会在计算机上转化为设计模型并自动生成加工 NC 程序，在进入生产前，先在生产线模型上进行设计、调试和优化，然后选择最佳工作模式，把仿真优化结果转化到生产线上，整个工艺优化过程是典型的数字化。接下来，通过 MES 进行自动排产并做到混线生产。在下料区根据客户订单自动下料，由工业机器人转料到数控车床和数控铣床上进行加工，加工完成后送往下一道工序进行检测，检测合格的工件进入激光打标区进行文字、图案打标。接着进入产品组装线，其中一个计算机屏幕上显示出合格产品的参数，质量控制时刻在进行，装配完成的产品进入包装装置并加盖包装。整个工件及产品在传送带的不同工序均有 RFID 读写装置往电子标签上写入相应信息。整个产品加工完成后会进入交验区，这时客户会在手机上接收到产品加工完成信息，可以到交验区扫码领取产品，如图 3-30 所示。

图 3-30   纪念印章下订单、设计、生产、装配、包装、激光打标与交付过程

在全自动化集成技术的支撑下，该智能制造生产线实现了无人化生产、仿真生产线研发、混线生产等未来制造的元素，使高效的大规模定制化生产成为可能，不仅提高了产品的生产效率和质量，而且满足了不同用户的个性化需求。

三、海尔集团的"黑灯车间"空调外机智能装配生产线

海尔集团作为家电制造业的领导企业，率先探索出了一条智能制造的发展新路。海尔集团的佛山工厂彻底实现了"黑灯车间"。空调外机智能装配生产线采用 MES 全程订单执行管理系统，装配了 200 多个 RFID、4300 多个传感器和 60 个设备控制器，全面实现了设备与设备互联、设备与物料互联、设备与人的互联，是真正意义上的智能制造生产线，从冲片、串片、胀管到装配完全实现了无人化作业，显著提高了产品精度和生产效率，大大提高了产品质量，如图 3-31 ~ 图 3-34 所示。

空调外机前装部分由 5 套机器人协同装配，结合 RFID 身份证实现产品—机器人、机器人—机器人之间的智能自交互、自换行和柔性生产，其装配了自动智能联机测试系统，能自动识别产品，自交互调研设备参数程序测试，实现自判定，不合格不放行；还能结合物联网技术自动关联测试数据，并存储可追溯，该技术实现了制冷制热性能零误判。海尔集团的用户可以通过个性化定制平台，根据个人喜好自由选择产品的机身材质、用料、喷涂颜色、图案等，这些个性化定制订单

可以通过该智能装配生产线进行柔性批量生产。用户可以通过平台掌握产品生产过程。

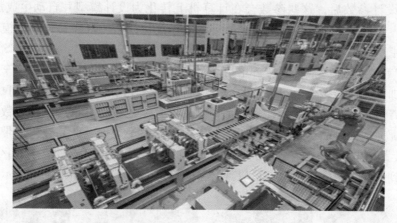

图 3-31　海尔集团空调外机智能装配生产线

图 3-32　空调外机装配机器人

图 3-33　装配信息看板　　　　　　　　图 3-34　用户个性化定制产品

四、华晨宝马公司焊装智能生产线

华晨宝马公司焊装智能生产线上拥有 150 多台机器人，整条生产线贯穿了物联网、大数据技术的应用，实现了柔性生产，通过电子标签识别系统可以追踪和分析车辆每个零部件和每台机器每一次作业。基于这种"物联网"架构，生产效率得以提高；先进设备辅以大数据监测和分析，使生产线的品质管理更加高效，产品更接近"零缺陷"，如图 3-35 所示。

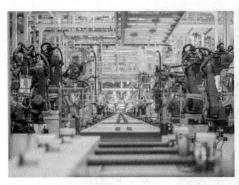

图 3-35　华晨宝马公司焊装智能生产线

五、东风楚凯汽车零部件自动化生产线

东风楚凯汽车零部件自动化生产线主要包括制造单元、物流系统单元、检测系统单元三个环节，如图 3-36 所示。

图 3-36　东风楚凯汽车零部件自动化生产线

1）制造单元：主要实现国产数控机床全自动化加工生产管控，采用桁架机器人、六关节机器人将待加工工件放入加工装备，如立式加工中心、车削加工中心、数控磨床等，加工完成后将产品从加工装备中取出，在生产制造环节力求实现无缝隙生产，提高劳动效率。

2）物流系统单元：主要实现智能化的物料移送、数字化物流跟踪、物流调度等。立体仓库内采用堆垛机实现自动搬运，立体仓库外配有动力轨道或者采用轨道运输车进行运输。

3）检测系统单元：主要实现工件质量的检测，加工生产线中的测量仪器测量工件数据后，会自动将数据存储、分析并给出测量结果。

六、苏州胜利精密电子产品生产线

苏州胜利精密制造科技股份有限公司的"便携式电子产品结构模组精密加工智能制造新模式"项目实现了车间整体三维建模和运行仿真，通过网络系统实现了实时数据采集与资源互联。项目建设包含189台高速高精钻攻中心，108台华数六关节工业机器人，在线视觉检测设备，抛光和打磨设备的20条柔性自动生产线，实现了制造现场无人化，如图 3-37 所示。

该项目建设包括 PLM、三维 CAPP、ERP、MES、APS、WMS 的产品全生命周期管理系统。

图 3-37 苏州胜利精密公司的智能工厂

其中三维 CAPP 与工艺知识库可以有效缩短产品开发周期。MES 和 APS 可以实现生产计划自动排产和物料精准配送。数据驱动云平台实现了设备状态的可视化管理，并进行了工艺参数的评估与优化，刀具管理与断刀监测，检测数据实时反馈与误差补偿等大数据的分析与优化。

项目全部采用了国产智能制造装备，包括华中 8 型数控系统的高速高精钻攻中心，柔性生产线和抛光打磨生产线，检测设备与自动导引车，并且全部采用了国产工业软件，实现了便携式电子产品结构模组在批量定制环境下的高质量、规模化、柔性化生产。

项目实施后企业的生产效率提高了 45.38%，生产成本降低了 24.59%，产品研发周期缩短了 39%，产品不良率下降了 37.5%，能源利用率提高了 23.01%。这些智能化功能的应用，降低了产品研发和生产过程对人的依赖度。

 【思考与练习】

1. MES 在车间生产中通过＿＿＿＿＿＿、＿＿＿＿＿＿、＿＿＿＿＿＿等关键数据的采集实现＿＿＿＿＿＿。

2. 西门子公司定制化纪念印章智能生产线实现了＿＿＿＿＿＿、＿＿＿＿＿＿、＿＿＿＿＿＿等未来制造的元素。

3. 为了实现真正意义的智能制造生产线，通过大量的传感器实现了＿＿＿＿＿＿、＿＿＿＿＿＿、＿＿＿＿＿＿的互联通信。

4. 智能生产线贯穿了＿＿＿＿＿＿和＿＿＿＿＿＿技术，通过＿＿＿＿＿＿实现零部件的状态跟踪。

5. 东风楚凯汽车零部件自动化生产线划分为＿＿＿＿＿＿、＿＿＿＿＿＿、＿＿＿＿＿＿三个环节。

项目 4　RFID 技术与智能仓库认知

◇ 知识目标
- 了解 RFID 技术的概念和基本组成。
- 了解智能仓库技术的概念和基本组成。
- 了解 RFID 的初始化及读写原理。
- 了解 RFID 在智能仓库中的典型应用。
- 掌握结合生产线系统进行工件初始化的方法。
- 掌握配合机器人操作进行工件信息读写的基本方法。

任务 1　RFID 技术与智能仓库的概念和基本组成

一、RFID 技术的概念和基本组成

射频识别（RFID）是一种无线通信技术。从概念上来讲，RFID 类似于条码扫描，条码技术是将已编码的条形码附着在目标物体上并使用专用的扫描读写器利用光信号将信息由条形磁传送到扫描读写器；而 RFID 技术则是利用专用的 RFID 读写器及专门的可附着在目标物体上的 RFID 标签，利用频率信号将信息由 RFID 标签传送至 RFID 读写器。

RFID 通常由应答器（标签）、读写器及应用软件组成。其中，标签内部没有供电电源，其内部集成电路通过接收到的电磁波进行驱动，这些电磁波是由 RFID 读写器发出的。当标签接收到强度足够的信号时，可以向读写器发出数据。这些数据不仅包括 ID 号，还可以包括预先存储在标签内 EEPROM 中的数据。最基本的 RFID 系统由标签、阅读器、天线三部分组成。

1. 电子标签

电子标签（Tag）由耦合元件及芯片组成，每个标签具有唯一的电子编码，附着在物体上以标识目标对象，如图 4-1 所示。

2. 阅读器

阅读器（Reader）是用于读取（有时还可以写入）标签信息的设备，可设计成手持式或固定式，如图 4-2 所示。

3. 控制器

控制器是读写器芯片有序工作的指挥中心，其主要功能是与应用系统软件进行通信，最重要的是对读写器芯片进行控制。

a) 电子标签

b) RFID高频电子标签

图 4-1 标签

a) 固定式

b) 手持式

图 4-2 阅读器

4. 天线

天线是一种以电磁波的形式把前端射频信号功率进行接收或辐射出去的设备，是电路与空间的界面器件，用来实现导行波与自由空间波能量的转化。在 RFID 系统中，天线分为电子标签天线和读写器天线两大类，分别承担接收能量和发射能量的作用。

5. 通信设施

通信设施的功能是为不同的 RFID 系统管理提供安全通信连接，它是 RFID 系统的重要组成部分。通信设施包括有线（或无线）网络和读写器（或控制器）与计算机连接的串行通信接口。其中，无线网络可以是个域网（PAN）（如蓝牙技术）、局域网（如 802.11x、WiFi），也可以是广域网（如 GPRS、3G 技术）或卫星通信网络（如同步轨道卫星 L 波段的 RFID 系统）。

二、智能仓库的概念和基本组成

智能仓库也叫作智能仓储，是物流仓储中出现的新概念，它利用智能仓库设备可以实现仓库高层合理化、存取自动化、操作简便化。

立体仓库的每个仓位上都安装了漫反射式光电开关以检测仓位是否处于空置状态，在料仓通电后，当某个仓位处于存储状态时，光电开关的黄灯、橙灯同时点亮；当某个仓位处于空置状态时，光电开关只有黄灯亮。

智能料仓除了每个仓位均安装有光电传感器（能够感应仓位是否有物料存在）外，每个仓位还配置了 RFID 芯片，其中 RFID 读写头安装在工业机器人的夹具上，同时与总控相互交互信号，以控制机器人拿取或者存放工件至相应的仓位。

【思考与练习】

1. RFID 是一种接触式的自动识别技术，它通过射频信号自动识别目标对象并获取相关数据。（　　）

2. RFID 拥有耐环境性、穿透性、形状容易小型化和多样化等特性。（　　）

3. 根据电子标签工作时所需的能量来源，可以将电子标签分为＿＿＿＿＿＿＿＿。

4. 在 RFID 系统中，天线分为＿＿＿＿＿＿和＿＿＿＿＿＿两大类，分别承担接收能量和发射能量的作用。

任务2　RFID 技术在智能仓库中的典型应用

RFID 智能仓储系统的特点如下：

1）系统采用无源电子标签，使用寿命长，免于维护，标签表面还可以标注一些关于产品的信息。

2）系统采用多功能读写器，具有多个传输接口，可以实现无线传输、蓝牙传输和 GPRS 传输数据。

3）系统可以实现远距离识别，读写快速且性能可靠，既能适应传送带运转等动态读取，又能快速进行多标签读取。

4）系统可以实现远程登录、配置和操作读写器，故适合大规模组网应用。

RFID 相较于条码，具有识别距离远，识别速度快，自身具备信息存储能力、环境适应性强多种优势，是大型企业仓储管理的最佳选择。配合良好的仓储管理系统，RFID 能够实现仓储管理的动态化，通过系统可以实时查询、管理仓储信息，实现资源的合理调配。

如图 4-3、图 4-4 所示，将 RFID 电子标签系统按要求连接至计算机，连接读写头至 RFID 控制器，并进行参数设置，可以实现 RFID 与主控软件之间的通信。

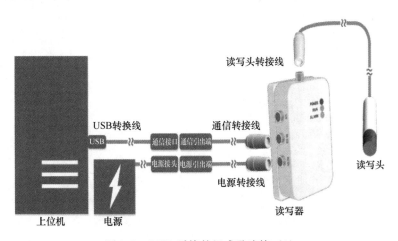

图 4-3　RFID 系统的组成及连接（1）

读写器上的通信插口一般是 RS232 或 RS485，可用转接线转换成以太网插头，先连接至路由器（HUB），再经路由器连接至主控计算机。

RFID 的工作任务有以下三个部分：

（1）生料（毛坯件）的初始化　根据生产线任务要求将生料进行初始化，并放入智能料仓的指定区域，然后机器人根据对应的订单选取对应仓位的毛坯。

（2）生料信息的读取　将 RFID 读写头安装在工业机器人的夹具上，加工前对毛坯进行一个 RFID 读操作。此时，总控系统将记录该生料的信息，如工件种类（生料）、编号等，完成读取。机器人更换手爪，抓取工件放入数控机床进行加工。

（3）工件信息的写入　加工工件结束后进行在线测量，并将测量结果传至总控单元。然后机器人根据对应的订单选取对应的机床半成品或成品回料仓，并进行一个 RFID 写操作，将加工信息（如成品或半成品等）写入电子标签。

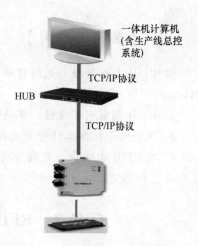

一体机计算机
(含生产线总控系统)

TCP/IP协议

HUB

TCP/IP协议

三

图4-4　RFID 系统的组成及连接（2）

【思考与练习】

1. RFID（　　）与物体接触就能识别物体信息。

A. 需要　　B. 不需要

2. RFID 通过（　　）的方式来获取物体的相关数据。

A. 条码排列　　B. 无线电广播　　C. 蜂窝通信　　D. 无线射频

3. RFID 标签采用了电子芯片存储信息，可以起到什么作用？

4. RFID 智能仓库系统是怎么工作的？

5. RFID 系统通常由＿＿＿＿＿＿、＿＿＿＿＿＿和＿＿＿＿＿＿三部分组成。

基础训练篇

项目 5　切削加工智能制造单元认知

◇ **知识目标**
- 了解切削加工智能制造单元的基本组成。
- 了解切削加工智能制造单元软件的构成。
- 了解切削加工智能制造单元各组成部分的功能。

通过本课程的学习，学生能够了解智能制造生产线运营与维护的一般流程和方法。为学生后续学习和今后从事智能制造技术领域的工作打下坚实的基础。

切削加工智能制造单元的基本组成包括数控车床、加工中心（三轴）、在线测量装置、工业机器人及夹具、快换夹具工作台、工业机器人导轨、立体仓库、中央电气控制系统、MES 和可视化系统及显示终端等。

切削加工智能制造单元的三维场景如图 5-1 所示，其外形整体尺寸为 6700mm × 6700mm。其平面布置图如图 5-2 所示。

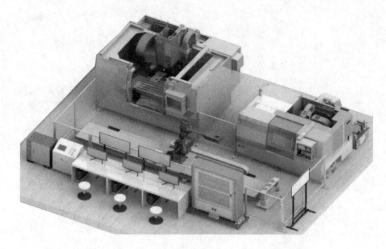

图 5-1　切削加工智能制造单元的三维场景

1. 六轴工业机器人

1）高性能六关节工业机器人如图 5-3 所示。

2）工业机器人的第七轴如图 5-4 所示。

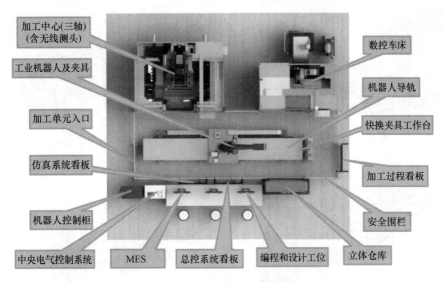

图 5-2　切削加工智能制造单元的平面布置图

图 5-3　六关节工业机器人

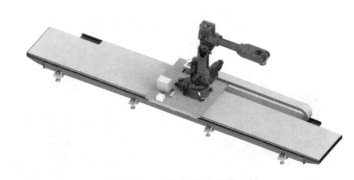

图 5-4　工业机器人的第七轴

3）工业机器人夹具如图 5-5 所示。

4）快换夹具工作台如图 5-6 所示。

2. 数控机床

1）数控车床与数控铣床如图 5-7 所示。

2）气液增压机用虎钳如图 5-8 所示。

3）零点定位卡盘如图 5-9 所示。

3. 在线测量装置

数控机床在线测量装置主要用于加工结束后工件尺寸的自动检测、加工超差报警等，如图 5-10 所示。

4. 数字化立体仓库

数字化立体仓库模型如图 5-11 所示。

5. 可视化系统及显示终端

该部分用来实时地呈现加工中心、数控车床的运行状态，工件的加工情况（加工前、加工

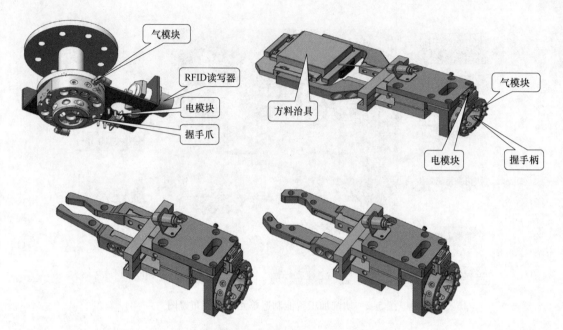

图 5-5　工业机器人夹具

中、加工后）、加工效果（合格、不合格）、加工日志和数据统计等。

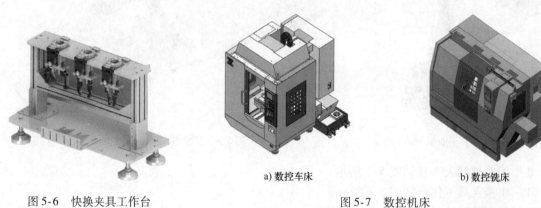

a) 数控车床　　　　　　　b) 数控铣床

图 5-6　快换夹具工作台　　　　图 5-7　数控机床

图 5-8　气液增压机用虎钳　　　　图 5-9　零点定位卡盘

图 5-10　在线测量装置

图 5-11　数字化立体仓库模型

6. 中央电气控制系统

智能生产线中央电气控制系统如图 5-12 所示。

图 5-12　智能生产线中央电气控制系统

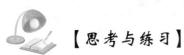

【思考与练习】

1. 切削加工智能制造单元的基本组成包括：数控车床、加工中心（三轴）、_____、工业机器人及夹具、_____、工业机器人导轨、立体仓库、中央电气控制系统、_____和可视化系统及显示终端等。

2. 常见的机器人侧快换夹具包括_____、_____、_____、_____四个部分。

3. 切削加工智能制造生产单元的夹具有_____、_____，其中用于夹持方形物料的是_____。

4. 加工中心用于进行工件尺寸测量的装置为_____。

项目6　切削加工智能制造单元软件的应用

6

◇ 知识目标

- 了解总控计算机上需要部署的各种软件。
- 掌握切削加工智能制造单元总控软件的使用方法。
- 掌握切削加工智能制造单元硬件参数的配置方法。
- 了解优化软件HNC-iScope的使用注意事项及安装方法。
- 掌握切削加工智能制造单元软件的操作和使用方法。
- 掌握设备层（如机床、机器人等）的通信连接及参数设置方法。
- 掌握各类软件部署的操作步骤。
- 掌握切削加工智能制造单元总控软件各模块的相关参数设置方法。
- 掌握切削加工智能制造单元总控软件对硬件设备运行进行监控、生产任务和命令下发的操作方法。
- 掌握优化软件HNC-iScope的设置方法。
- 掌握优化软件HNC-iScope完成任务优化的操作方法。
- 掌握利用切削加工智能制造单元软件完成数据采集及优化的方法。

任务1　切削加工智能制造单元的软件部署

根据要求在切削加工智能制造单元总控计算机上部署所有需要的软件，并对硬件进行参数设置以实现其与主控软件之间的通信。

一、所需软件概述

总控计算机上需要安装的7套软件见表6-1。

表6-1　总控计算机上的软件部署

序　号	名　称	版　本	备　注
1	ServerWindow	1.0.2.1（2017/06/24）	数控系统连接适配器
2	DCAgent	2017/06/29	大数据采集软件
3	Redis	2017/6/27	Redis服务端软件

（续）

序 号	名 称	版 本	备 注
4	Redis-desktop-manager	0.8.8.384	Redis 客户端软件
5	HNC-iscope	V1.0 2017.7.3	工艺优化软件
6	HNC-SSTT	SSTT-V2.30.00.1308	伺服调整优化软件
7	HNC-SCADA		智能产线总控软件

数控机床系统软件的版本必须是 1.26.02 或以上，OS 版本为 2.10.00 或以上。

对于数控系统及总控 PLC 软件网络通信参数的设置：总控计算机的 IP 地址是 192.168.8.99，数控车床的 IP 地址是 192.168.8.15，加工中心的 IP 地址是 192.168.8.16。

二、软件部署步骤

1. IP 地址的设置

（1）机床 IP 地址的设置 图 6-1 所示为机床 IP 地址设置界面。

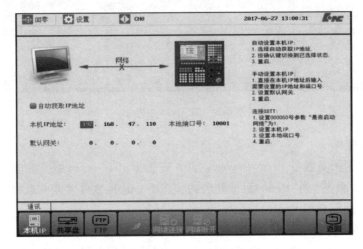

图 6-1 机床 IP 地址设置界面

1）将 000049 号参数更改为 "10001"，同时将 000050 号参数更改为 "1"。

2）将网盘服务器的 IP 地址 "1~4" 全部更改为 "0"。

3）将因特网服务器的 IP 地址 "1~4" 全部更改为 "0"。

（2）总控计算机 IP 地址的设置 按图 6-2 所示内容修改总控计算机的 IP 地址。

2. ServerWindow IP 地址的修改

ServerWindow 用来完成与数控系统的连接以及网络通信适配器的代理功能。

图 6-2 总控计算机 IP 地址的设置

1）打开 ServerWindow 适配器软件的 ServerIp. xml 文件，将 IP 修改成总控计算机的 IP。

2）再双击应用程序打开 ServerWindow 适配器软件，表示配置成功。

3. DCAgent 的 IP 地址的修改

DCAgent 是大数据采集配置软件，如图 6-3 所示。

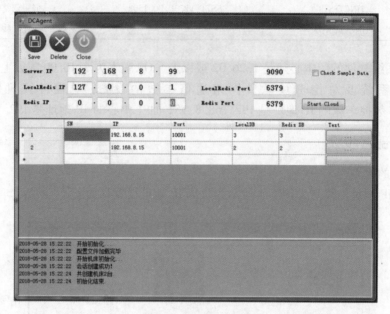

图 6-3　DCAgent 主界面

4. 开启 Redis 软件

（1）开启大数据采集服务 Redis-server 软件　安装 Redis-server 服务端软件，安装完成后系统会自动安装 Redis 服务。在 Redis 服务开启的状态下，总控软件才能获取机床数据。

（2）开启大数据客户端 Redis-desktop-manager 软件

1）双击 "Redis-desktop-manager"，打开本地的大数据客户端软件。

2）双击左边 127. 0. 0. 1 Redis 数据库目录，选择数控系统配置的 DB 号，可查看数控系统运行的大数据，包括轴数据、通道数据等，为云数控平台及大数据服务、健康保障、断刀检测、云维护和云服务等提供数据支撑。

5. HNC-SCADA 总控软件的应用

1）将机床 IP 地址改为 "192. 168. 8. 16"，同时将机床 IP 端口改为 "10001"，如图 6-4 所示。

图 6-4　机床 IP 设置

2）关闭 HNC-SDADA 软件后，再打开软件可以使修改后的参数生效，同时在主界面上可以查看两台机床和 PLC 的在线状态，如图 6-5 所示。

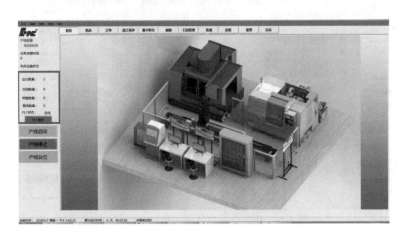

图 6-5　机床连接成功

6. 摄像头 IP 地址的设置

（1）硬件连接　将网络摄像头的端口和计算机的端口用一根网线连接起来，网络摄像头的另一个端口接入 DC 12V 电源。如果现场无电源，可用总控计算机显示器的电源来代替。

（2）安装 SADPTool3.0.0.14 软件　软件自动搜索连接的设备，搜索到设备后记录摄像头的 IP 地址。

（3）配置录像机

1）配置录像机的网络。其 IP 地址为"192.168.8.30"。在最下面设置内部网卡 IPv4 的地址与摄像头在同一个网段。

2）配置 IP 通道。重新编辑 IP 通道，修改添加方式为"手动"，输入软件搜索到的 IP 地址，确定并退出。

3）打开智能侦测功能，选择对应的通道并关闭所有侦测功能。

4）关闭录像机，等待几分钟后重启录像机，即可播放摄像头视频。

5）录像机的管理员名称为"admin"，管理员密码统一设置为"hnc8123456"。注意：务必统一密码，且不要随意改动密码。

7. 立体料仓仓位五色灯控制通信设置

（1）硬件连接　五色灯通信使用 RS485 通信协议，其硬件接口是总控计算机的 COM 接口。将 USB 转为 COM 后接到总控计算机的 USB 接口。应确保总控计算机与五色灯控制板接线正确，且料仓上电。

（2）配置 COM 接口　打开总控计算机的设备管理，选择端口→通信端口，选择端口设置→高级→COM 端口号为"COM3"。开启智能生产线总控软件，选择"数字料仓"选项卡，单击"开启通信"按钮，即可点亮五色灯，如图 6-6 所示。

8. 看板功能的安装

（1）选择并开启 Internet 信息服务　选择 Internet 信息服务并确定，系统开启 Internet 信息服务并重启。

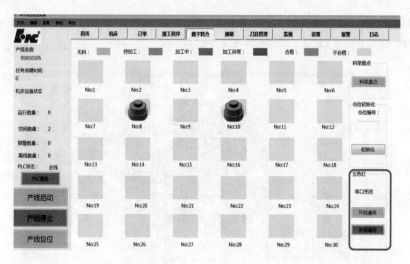

图 6-6　开启总控软件的五色灯通信接口

（2）安装数据库并还原备份数据

1）安装 mysql 软件，设定数据库密码为 "123456"。

2）安装 Navicat 软件，选择 64 位安装包，根据提示进行安装。

3）打开 Navicat 软件，右击左上角的 mysql 图标，选择 "新建数据库" 选项，在弹出的对话框建立一个名为 "mohrssdb" 的数据库，如图 6-7 所示。

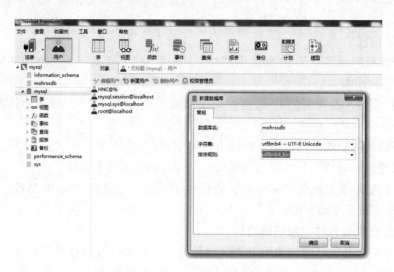

图 6-7　建立数据库 "mohrssdb"

4）建立 HNC 用户。单击 "用户" 按钮选择新建用户，输入以下数据：建立一个 "HNC" 用户，主机为 "%"，密码为 "hnc123"，设置完成后进行保存，如图 6-8 所示。

5）开启 HNC 用户的权限。右击 "HNC 用户" 选择 "编辑用户"，如图 6-9 所示。

6）开启用户权限。右键可开启所有服务，设置完成后进行保存，如图 6-10 所示。

7）还原数据库。选择数据库 "mohrssdb"，选择 "备份"→"还原备份"，选择还原文件，如图 6-11 所示，设置完成后即可将资源包里面的数据还原。

图 6-8　添加用户 HNC

图 6-9　编辑用户 "HNC"

图 6-10　开启用户 "HNC" 权限

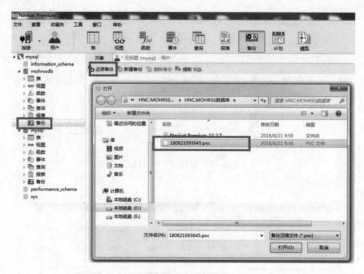

图 6-11　还原数据库文件

（3）安装网站程序

1）单击图 6-12 所示的"HNC. MOHRSS"安装包，安装网站程序。

图 6-12　安装网站程序

2）安装完成后打开浏览器，输入"localhost"后按下 < Enter > 键即可登录看板网页。注意：用户名为"admin"，密码为"123456"。

 【思考与练习】

1. 总控计算机上需要部署的软件中用于数据采集的是＿＿＿＿＿＿＿＿，用于工艺优化的是＿＿＿＿＿＿＿＿，用于生产线总控的是＿＿＿＿＿＿＿＿。

2. 切削加工智能制造单元需要进行 IP 地址设置的有＿＿＿＿＿＿＿、＿＿＿＿＿＿＿、＿＿＿＿＿＿＿、＿＿＿＿＿＿＿、＿＿＿＿＿＿＿和＿＿＿＿＿＿＿。

3. Redis 中能够进行数控系统＿＿＿＿＿＿＿、＿＿＿＿＿＿＿等运行大数据的查询。

4. 立体料仓仓位五色灯使用＿＿＿＿＿＿＿通信协议，并通过计算机＿＿＿＿＿＿＿口进行硬件连接。

5. 看板功能的实现需要＿＿＿＿＿＿＿、＿＿＿＿＿＿＿两款软件的数据支持。

6. 简述总控计算机软件的安装流程与注意事项。

任务 2　切削加工智能制造单元控制系统软件使用

切削加工智能制造单元总控软件可以收集生产线中主要硬件设备的信息，负责各硬件的信号传输及数据处理。使用生产线总控软件时，需要对软件界面有所了解，并掌握各硬件参数的配置。

一、切削加工智能制造单元总控软件系统简介

智能生产线 MES 是部署在计算机上的、用于切削加工智能制造单元的控制系统。它对切削加工智能制造单元上的机床、工业机器人、测量仪等设备的运行进行监控，并提供方便的可视化界面来展示所检测的数据。同时，智能生产线 MES 还可以完成数据的上传和下达，即将检测到的数据（如报工、状态、动作、刀具等）上报给计算机，将计算机发出的生产任务和命令（CNC切入切出控制指令、加工任务）下发到生产设备。

7. 制造执行
系统简介

注意：智能生产线 MES 主要用于监控生产设备的运行和生产任务的上传和下达，主要检测对象是机床、RFID、工业机器人、料仓和测量仪。

二、智能生产线总控软件的模块和功能划分

智能生产线总控软件一共划分为 6 个模块：

1）BOM 模块，包括 EBOM 和 PBOM 两个子模块。

2）排程管理模块，包括排程和程序管理两个子模块。

3）设备监视模块，包括机床、机器人、料仓、监视和报警等子模块。

4）测量刀补模块，包括测量和刀补两个子模块。

5）测试模块，包括机床测试、机械手测试、料仓测试和手动试切等子模块。

6）设置模块，包括网络设置、机床设置、产线设置、用户管理和日志等子模块。

三、智能生产线总控软件的排程管理

1. BOM 模块的功能

EBOM、PBOM 和工艺卡内容的加载和显示。

（1）EBOM　在 PDM 软件界面完成 EBOM 内容的生成和下发之后，再在 EBOM 界面的左下方单击"获取 EBOM"按钮，即可获取 PDM 软件生成的 EBOM 结构树，单击结构树上的具体图号，即可展示该图号的信息，如图 6-13 所示。

（2）PBOM　在 PDM 软件界面完成 PBOM 内容的生成和下发之后，再在 EBOM 界面的左下方单击"获取 PBOM"按钮，即可获取 PDM 软件生成的 PBOM 结构树，单击结构树上的具体图号，即可展示该图号的信息，如图 6-14 所示。

（3）工艺卡　在工艺卡界面选择需要展示的对象，如图 6-15 所示。

```
⊟ ZN-02-00-01装配图1
    ZN-02-00-06连接轴
    ZN-02-00-04上板
    ZN-02-00-05中间轴
    ZN-02-00-03下板
```

图 6-13　EBOM 结构树

```
⊟ ZN-02-00-01装配图1
    ZN-02-00-06连接轴
    ZN-02-00-04上板
    ZN-02-00-05中间轴
    ZN-02-00-03下板
```

图 6-14　PBOM 结构树

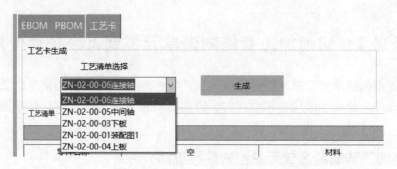

图 6-15　工艺卡选择

选择生成后获取的工艺卡中会展示出相应的工艺内容。

在获取工艺卡信息后，界面上方自动生成一个订单的内容，用户输入仓位号即可生成一个加工订单，该订单将会插入到订单管理页面的订单列表中。

8. 加工工艺分析
与设备选型

2. 生产排程

订单的执行功能包括生成、下发、撤销和删除。其中，用于选择订单工件的执行操作，包括上料、下料、换料、自动加工等操作。订单页面如图 6-16 所示。

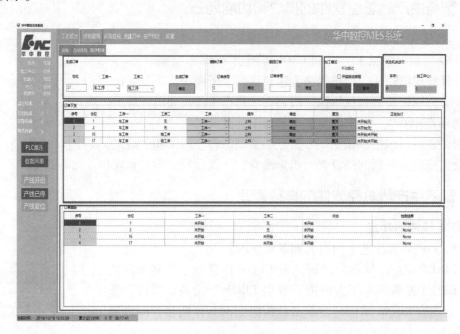

图 6-16　订单页面

（1）**手动与自动模式**　MES 有手动和自动两种加工模式，如图 6-17 所示。

1）开启自动排程：勾选"开启自动排程"复选框后，加工模式切换为自动加工，手动任务将不能下发。

2）开始：勾选"开启自动排程"复选框后，"开始"按钮被激

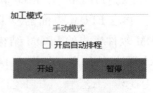

图 6-17　加工模式

活，MES 根据排程参数进行排产，并将任务下发到生产设备，直到所有自动状态的订单全部执行完毕。

3）暂停：单击"暂停"按钮后自动加工暂停，不再下发任务到设备。

自动模式的启动需要满足以下几个条件：

① MES 界面上的"产线启动"按钮被按下。

② 订单所需机床必须在线。

③ PLC 在线。

④ 机器人在 home 点，并且空闲。

⑤ 没有正在执行的工序。

⑥ 所有处于自动状态的订单的仓位都有物料。

⑦ 两台机床在线。

自动模式下，订单会被执行。如果执行过程中出现以下情况，自动模式将停止并切换到手动模式。

① MES 界面上的"开启自动排程"复选框被取消。

② 所有自动模式的订单执行完毕。

③ PLC 或者机床离线。

④ 机床报警。

⑤ 当前要执行的订单没有匹配的加工程序。

⑥ 测量不合格。

⑦ 将要执行加工的仓位上没有物料。

（2）生成订单　用于配置并生成订单，如图 6-18 所示。

1）仓位：要生成的订单所绑定的仓位号。该仓位号不能与订单下发列表中的仓位编号重复。

2）工序一：选择第一道工序，"无"表示没有第一道工序，"车工序"表示第一道工序是车加工，"铣工序"表示第一道工序是铣加工。

3）工序二：同工序一，工序一和工序二不能为相同的工序。

4）生成订单：单击"确定"按钮后，将根据配置生成一个订单，在"订单下发"和"订单跟踪"表格中生成对应的订单。

在图 6-18 中，订单内容是对 4 号仓位物料进行铣加工。

生成订单时必须保证以下 3 个条件：

① 仓位编号为 1～30 的数字。

② 两个工序不能相同。

③ 订单表格中没有相同仓位号的订单。

图 6-18　生成订单

（3）订单下发　"订单下发"表格用来显示当前所有订单的仓位信息、工序信息和订单下发、返修工序选择以及返修状下发等功能，如图 6-19 所示。

1）序号：订单序号，根据订单的生成时间排序，新的订单排在最后。

2）仓位：订单所绑定的仓位编号。

3）工序一：显示第一道工序的内容，"无"表示无此道工序。

4）工序二：显示第二道工序的内容，"无"表示无此道工序。

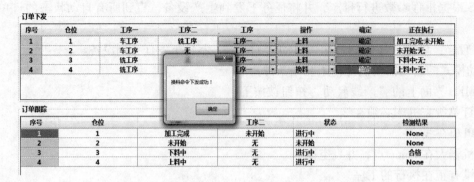

图 6-19　订单下发

5）工序：选择工序，可以是工序一或工序二，但该工序的内容不能为"无"。

6）操作：对选择好的工序选择对应的操作，包括上料、下料、换料和自动。

7）确定：单击"确定"按钮，将下发执行命令给 PLC，由 PLC 控制对应的操作完成。

8）正在执行：第一个分号前显示工序一的执行状态，第二个分号前显示工序二的执行状态。其中，车床的状态包括未开始、上料中、上料完成、加工中、加工完成、下料中和下料完成。加工中心的状态包括未开始、上料中、上料完成、加工中、加工完成、返修中、下料中和下料完成。

某项操作下发成功的条件是：

① MES 界面上的"产线启动"按钮被按下。

② 订单所需机床必须在线。

③ PLC 在线。

④ 机器人在 home 点，并且处于空闲状态。

a. 上料操作的条件：对应的机床运行状态物料号为"0"，即机床无料，当前选择的工序为"未开始"状态，物料在料仓中。如图 6-19 所示，1 号订单工序一上料操作成功下发的条件是：

● "产线启动"按钮被按下。

● 车床在线。

● PLC 在线。

● 机器人在 home 点，并且处于空闲状态。

● 车床没有物料，即车床运行显示为"0"。

● 工序一的状态是"未开始"。

● 1 号物料正放在料仓中。

b. 下料操作的条件：对应的机床运行状态物料号为所选定的仓位号，当前选择的工序为"加工完成"状态，物料在机床中。如图 6-19 所示，1 号订单工序一下料操作成功下发的条件是：

● "产线启动"按钮被按下。

● 车床在线。

● PLC 在线。

● 机器人在 home 点，并且处于空闲状态。

- 车床装有 1 号物料。
- 工序一的状态是"加工完成"。
- 1 号物料装在车床。

c. 换料操作的条件：对应的机床运行状态物料号为"M"，即机床有料并且该物料处于"加工完成"状态，当前选择的工序为"未开始"状态，物料在料仓中。如图 6-19 所示，3 号订单和 4 号订单，用 4 号物料换加工中心的 3 号物料，成功下发的条件是：

- "产线启动"按钮被按下。
- 铣床在线。
- PLC 在线。
- 机器人在 home 点，并且处于空闲状态。
- 加工中心运行显示为"3"。
- 3 号物料的铣工序是"加工完成"状态。
- 4 号物料的铣工序是"未开始"状态。
- 3 号物料放加工中心中，4 号物料放在料仓中。

如果订单下发不成功，MES 界面会给出对应的提示信息。如果订单下发成功，那么在"订单跟踪"列表中订单状态将会变成"进行中"，如图 6-19 所示。

（4）订单跟踪 "订单跟踪"表格用来记录所有订单的状态，表格内的订单与"订单下发"表格的内容一致，如图 6-20 所示。

订单跟踪					
序号	仓位	工序一	工序二	状态	检测结果
1	1	加工完成	未开始	进行中	None
2	2	未开始	无	未开始	None
3	3	加工完成	无	进行中	None
4	4	未开始	无	未开始	None

图 6-20 订单跟踪

1）序号：按照订单生成的顺序生成，与"订单下发"表格中的序号一致。

2）仓位：订单所对应的仓位编号。

3）工序一：显示工序一的执行状态，包括：无、未开始、上料中、上料完成、加工中、加工完成、返修中、下料中和下料完成。

4）工序二：显示工序二的执行状态，包括：无、未开始、上料中、上料完成、加工中、加工完成、返修中、下料中和下料完成。

5）状态：该列显示订单的状态，包括：未开始、进行中和完成。

6）检测结果：显示当前订单的检测结果，"None"表示当前订单还没有执行检测；"Yes"表示该订单生产的工件检测合格；"No"表示该订单生产的工件检测不合格。

（5）工件返修与取料 当工件进入加工中心加工完成后，MES 会取到测量数据并给出测量结果，提示用户进行"返修"或者"不返修"。当用户选择"返修"时，加工中心会再加工一次，直到用户选择"不返修"后，通过"订单下发"表格选择"下料"或者"换料"。

返修下发成功要保证以下几个条件：

1）PLC 在线。

2）产线处于开启状态。

3）加工中心在线。

4）生产线没有正在执行的启动、停止、复位流程。

5）生产线没有正在执行的 MES 写入、HMI 写入流程。

（6）删除订单 输入订单的序号（"订单下发"表格的第一列编号），如果该订单处于"未下发""完成"或"撤回"状态，则可以在"订单下发"表格中删除该订单，如图 6-21 所示。

图 6-21 删除订单

如果用户希望对同一个仓位的物料进行反复加工，可以在加工完成后删除该订单，然后在料仓页面初始化该料位。这样，该物料即可恢复成待加工状态，并对其生成新的订单。

（7）撤回订单 输入订单的序号，如果该订单处于"进行中"状态或者订单执行出现报警，那么可以撤回该订单，订单状态将会变更为"撤回"，同时该物料状态会变更为"异常"。撤回订单后，操作者可根据实际情况删除订单、初始化物料状态，此操作后可对该物料再次生成订单，如图 6-22 所示。

图 6-22 撤回订单

撤回订单只是将 MES 下达给 PLC 的命令清除，而无法清除 PLC 和机器人及机床的流程。需要操作者手动恢复设备状态。"撤回订单"功能是在特殊状态下的处理方式，不可随意使用。

3. 自动排程

该功能用来设置自动排程参数，如图 6-23 所示。

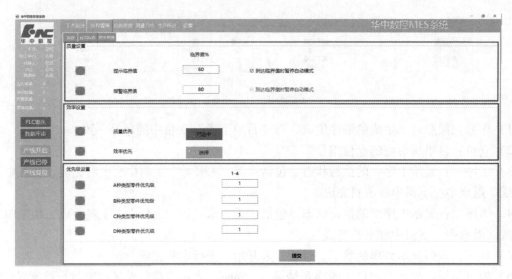

图 6-23 自动排程参数的设置

（1）质量设置

1）提示临界值：在测量数据的误差达到临界值时，MES 将给出提示或者暂停自动执行。如果 MES 只是给出提示，加工可继续执行；如果选择暂停，那么加工过程将处于暂停状态并待用户修复不利因素后，继续自动加工进程（临界值和是否停止执行由用户自由配置）。

2）报警临界值：在测量数据的误差达到报警临界值后，MES 暂停自动执行，待用户修复不利因素后，MES 继续自动加工（临界值可由用户设定）。

（2）效率设置

1）质量优先。订单混流执行，在机床空闲的情况下自动匹配其他订单，同时多个订单混流执行，可提高生产效率。每次加工中心加工完成后，将会等待用户选择返修或者取料。

2）效率优先。订单混流执行，在机床空闲的情况下自动匹配其他订单，同时多个订单混流执行，可提高生产效率。每次加工中心加工完成后，如果测量值在临界值内，机械手直接取料后进行下一步生产；如果测量值在临界值外，将会暂停加工并由用户修复不利因素后继续执行加工。

（3）优先级设置　用户可选择零件的4种加工顺序，其中1级为最先生产优先级，4级为最低优先级。例如，优先完成A种物料的加工或者D种物料的加工，或者设置同等级。

以上3种质量设置是最优先考虑的因素，其次在确保质量的情况下进行效率的优化，最后考虑零件种类的匹配。

在用户配置了自动排程参数后，MES将会兼顾用户设置，优化加工路径，自动完成订单的加工。

（4）排程原则

1）原则1：当产品测量尺寸超过临界值或者尺寸不合格时，加工过程将会暂停下来。

2）原则2：当选择质量优先时，每次加工中心加工完成后将会等待用户选择返修或者不返修，才会下料。

3）原则3：双工序的订单必须在完成第一道工序后才能进行第二道工序。

如图6-24所示的订单，以质量优先，A，B，C，D优先级都为"1"。1~6号仓位当前等待加工的工序列表是"车、车、车、车、铣、铣"。当机床空闲时，MES会自动匹配工序列表中的车工序和铣工序，执行上料和下料。上述队列中，车床将一次进行1号仓位、2号仓位、13号仓位、14号仓位的物料上到车床进行加工，将27号仓位、30号仓位的物料上到铣床进行加工。当13号仓位和14号仓位的车床工序执行完成后，将会自动插入第二道工序到加工中心中进行加工。自动排程实现混流，同时加工，自动匹配。

订单下发

序号	仓位	工序一	工序二	工序	操作	确定	置顶	正在执行
1	1	车工序	无	工序一 ▼	自动 ▼	确定	置顶	上料中;无
2	2	车工序	无	工序一 ▼	自动 ▼	确定	置顶	未开始;无
3	13	车工序	铣工序	工序一 ▼	自动 ▼	确定	置顶	未开始;未开始
4	14	车工序	铣工序	工序一 ▼	自动 ▼	确定	置顶	未开始;未开始
5	27	铣工序	无	工序一 ▼	自动 ▼	确定	置顶	未开始;无
6	30	铣工序	无	工序一 ▼	自动 ▼	确定	置顶	未开始;无

图6-24　订单列表

4. 加工程序

加工程序有自动派发和手动派发两种方式。

（1）自动派发加工程序　在订单页面，单击"订单下发"按钮后MES会自动搜索并匹配响应的加工程序文件，如果MES没有匹配的文件，那么提示"没有匹配的加工程序，下发订单失败"；如果存在匹配的加工程序文件，那么将文件下发到机床并加载到机床。

自动派发加工程序MES需要匹配相应的加工程序，加工程序和存储位置必须满足以下规定。

1）存放目录：加工程序存放目录如图6-25所示。

图6-25 加工程序存放目录

2）命名规则：加工程序如图6-26所示。

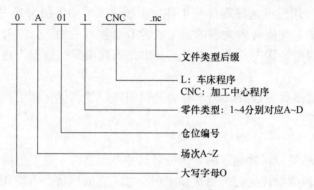

图6-26 命名规则

另外，车床回零程序的名称为"OHOMECNC. nc"，加工中心回零程序的名称为"OHOMEL. nc"。

（2）手动派发加工程序 手动派发的加工程序文件只能作为子程序被主程序调用，而不会被机床加载。例如，可将OA011CNC. nc程序作为主程序，在下发订单的时候自动加载到机床上，将测量相关程序O9998. nc作为子程序，在下发订单之前将O9998. nc通过手动派发的方式派发到加工中心。

1）加工程序模块：主要用来选择G代码，并将G代码下发到机床。

2）下传G代码：勾选对应的G代码和机床编号，可将G代码下传到对应的机床中。

四、智能生产线的设备监视

1. 机床

机床页面用来显示机床的相关信息，如连接状态、IP、端口、系统版本及机床系统的相关参数信息，如图6-27所示。

（1）机床系统信息

连接状态：显示当前机床的在线或离线状态，在线为绿色，离线为灰色。

机台选择：选择需要查看的机床编号，系统信息和机床信息将会自动更新为当前机床的内容。

机台IP地址：显示当前机床的IP地址信息。

机台端口：显示当前机床的端口号，端口号用于区别信息的传输。

机台加工工序：显示当前机床的加工工序。

加工个数：显示当前加工完成的产品个数。

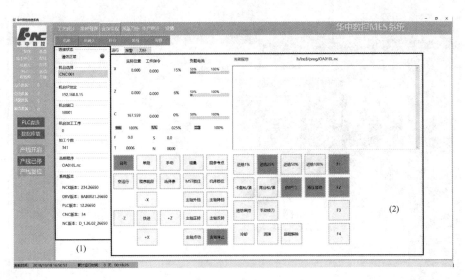

图 6-27　机床页面

当前程序：显示当前机床正在运行的程序名称。

系统版本：显示当前机床控制器的系统版本。

（2）运行信息　其中，实际位置用来显示当前机床轴的实际位置。工件指令用来显示机床的工件指令。

1）实时加工信息：

负载电流：显示当前机床电动机的实际负载电流。其中，F 表示当前进给轴的进给速度。S 表示当前主轴的转速。T 表示当前机床的刀具号。N 表示当前 G 代码执行的行数。

2）加工程序：显示当前加工程序的代码，根据机床实际代码运行情况显示对应的代码路径、代码内容和正在运行的行数。

3）机床控制面板：显示当前机床的控制面板，其中页面按钮与实际机床按钮作用一致。可根据机床的型号显示对应的面板和按钮。

（3）报警信息　显示当前机床的报警信息。

序号：报警产生的序号，按报警产生时间先后排序编号，最近的报警序号排行为"1"。

报警号：报警编号，每一个报警项都有固定的编号，相同报警的报警号相同。

报警内容：报警具体内容。

（4）刀补信息　显示当前机床的刀补信息。

刀编号：显示刀具的编号。

X 偏置：用于设置当前刀具的 X 偏置值。

Z 偏置：用于设置当前刀具的 Y 偏置值。

X 磨损：用于设置当前刀具的 X 磨损值。

Z 磨损：用于设置当前刀具的 Z 磨损值。

2. 机器人

该部分用于显示机器人的轴位置信息、状态信息、工作模式以及是否在 home 点等，如图 6-28 所示。

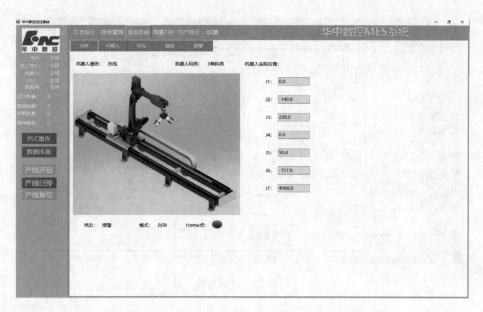

图 6-28　机器人页面

3. 数字料仓

该部分用来显示料仓信息，控制料仓五色灯，如图 6-29 所示。

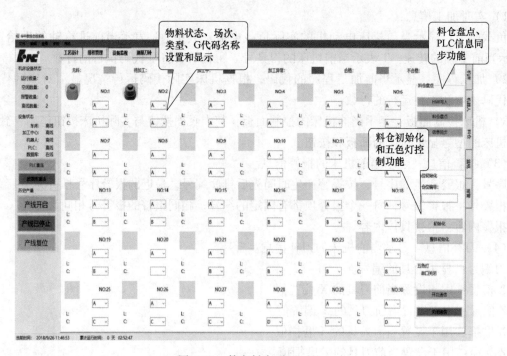

图 6-29　数字料仓页面（1）

（1）料仓状态的监视　数字料仓页面如图 6-29 所示。它用来实时监视、跟踪并且记录 30 个仓位的物料信息，并以不同颜色显示。

（2）物料信息的设置　如图 6-30 所示，可选择物料的场次信息和材质信息。

（3）加工程序的监视　如果物料的场次、材质等信息设置完成，总控计算机中将有相应的加工程序，那么加工程序的名称也会显示出来；如果没有显示加工程序的名称，表示当前物料缺少加工程序，在下发上料操作时会提示："没有匹配的加工程序，订单下发失败！"

料仓编号 **NO:1**

车床程序名 **L:OA010L.nc**
铣床程序名 **C:OA010CN**

状态

场次

零件类型

图 6-30　数字料仓页面（2）

（4）料仓盘点

1）HMI 写入：机器人与 PLC 协同轮询 30 个 RFID，将 HMI 上设置的仓位信息写入 RFID 芯片中，同时将信息同步到 MES，确保 MES、HMI、RFID 信息完全一致。此功能开始前需要关闭信息同步功能。

2）料架盘点：机器人与 PLC 协同轮询 30 个 RFID，将 MES 设置的仓位信息同步到 PLC 并写入 RFID 芯片中，同时将信息同步到 MES，确保 MES，HMI，RFID 信息完全一致。此功能开始前需要打开信息同步功能。

3）信息同步：单击"信息同步"按钮后，MES 将仓位信息同步给 PLC。

在正式加工开始前，单击"整体初始化"按钮清除之前手动设置的物料信息，将物料放到料架上，单击"信息同步"按钮，单击"料架盘点"按钮，将订单和仓位信息写入 PLC 和 RFID。料架盘点完成后，在仓位状态发生变化时，将状态同步给 PLC。

（5）料位初始化　可人工将指定仓位的物料初始化为"无料"。

1）料仓编号：设置需要初始化的仓位编号。

2）初始化。单击"初始化"按钮后，设定仓位的物料初始化为默认状态：场次为 A，材质为铝，类型为 0，状态为 0。

3）整体初始化。单击"整体初始化"按钮后，30 个仓位的物料全部初始化为默认状态：场次为 A，材质为铝，类型为 0，状态为 0。

（6）五色灯控制　控制料仓上五色灯的开启和关闭。

1）串口关闭：显示五色灯的通信状态，分别为串口关闭、串口开启、串口关闭失败、串口开启失败等状态。

2）开启通信：单击"开启通信"按钮，开启五色灯通信。

3）关闭通信：单击"关闭通信"按钮，关闭五色灯通信。

（7）摄像监视　在摄像头配置和显示页面，可进行摄像头参数配置，显示摄像内容，密码为"hnc8123456"，如图 6-31 所示。

1）登录："登录"设置是设置录像机的登录信息，并登录录像机。

① IP 地址：输入录像机的 IP 地址，必须与录像机的实际 IP 保持一致。

② 端口号：输入录像机的端口号，默认为"8000"，必须与录像机的实际端口号一致。

③ 用户名：输入录像机管理员的用户名，必须与录像机管理员的用户名称一致。

④ 密码：输入录像机管理员的密码，必须与录像机管理员的密码一致。

⑤ 码流类型：设置视频信号的码流类型。

⑥ 通道列表：登录录像机后会自动加载通道列表，不同的通道表示不同的摄像头。

⑦ 登录：单击"登录"按钮，系统可根据设定的参数登录录像机，并提示登录情况。

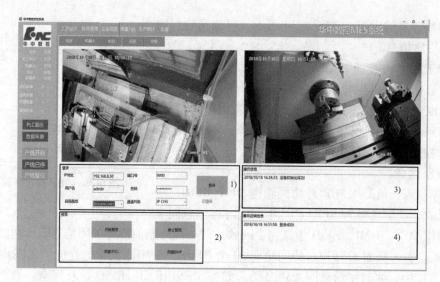

图 6-31　摄像监视页面

2）预览：开启和关闭视频预览功能。

① 开始预览：单击"开始预览"按钮，如果设备已登录，将播放监视画面。

② 停止预览：单击"停止预览"按钮，如果设备已登录，将停止播放监视画面。

③ 抓图 JPEG：单击"抓图 JPEG"按钮，获取当前画面并保存为 JPEG 格式的图片。

④ 抓图 BMP：单击"抓图 BMP"按钮，获取当前画面并保存为 BMP 格式的图片。

3）操作信息：显示视频监视模块的相关操作信息。

4）事件回调信息：显示录像机登录的相关信息。

测量页面用于设定测量参数，显示测量结果。测量程序由加工中心完成，并将测量结果写到#40040～#40045 的宏变量中。MES 通过对比宏变量的值与设定值来确定检测结果。

（8）机床报警监视　如图 6-32 所示，显示机床目前存在的报警，其中红色表示当前机床存在报警或者当前机床处于离线状态，绿色表示当前机床不存在报警并且机床处于在线状态。

序号	设备编码	名称	状态	报警内容
0	E001	机台001	空闲	水箱液位低；
1	E002	机台002	空闲	水箱液位低；
2	PLC1	PLC	离线	

图 6-32　机床报警监视页面

五、智能生产线的在线测量与刀补

1. 在线测量的设置

在线测量设置页面用来设置测量控制误差参数，并显示和记录测量结果，如图 6-33 所示。

（1）在线测量控制尺寸及偏差的设置　设置在线测量的相关数据。

1）变量名：宏变量的名称。

2）理论值：设定该宏变量的理论值。

3）上偏差：设定宏变量的上偏差，为正值。

4）下偏差：设定宏变量的下偏差，为正值。

5）提交：单击"提交"按钮后，测量控制尺寸及偏差参数设定有效，修改该类参数后需要提交一次才会有效。

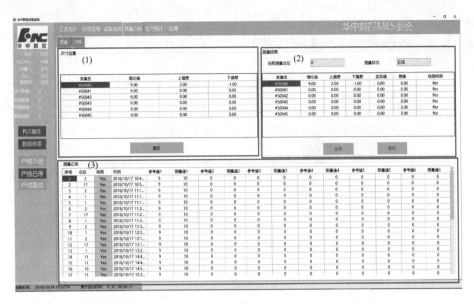

图 6-33　在线测量设置页面

注："上偏差"和"下偏差"标准名称分别为"上极限偏差"和"下极限偏差"。

（2）在线测量尺寸及偏差的结果显示　显示在线测量结果。

1）变量名：宏变量的名称。

2）理论值：设定该宏变量的理论值。

3）上偏差：设定宏变量上偏差，为正值。

4）下偏差：设定宏变量下偏差，为正值。

5）实际值：加工中心每执行一次测量就会更新一次检测实际值。

6）差值：标准值与实际值的差值。

7）检测结果：加工中心每执行一次测量就会更新对应宏变量的检测结果。

8）当前检测仓位：显示当前检测结果对应的仓位编号。

9）测量状态：显示当前测量设备是否在线（即加工中心是否在线）。

10）返修：单击该按钮时将执行返修工序。在加工中心加工完成并弹出返修提示框后，该按钮有效，直到用户选择了弹出框中的按钮或者测量界面的按钮，该按钮将无效。

11）取料：单击该按钮时将执行取料工序。在加工中心加工完成并弹出返修提示框后，该按钮有效，直到用户选择了弹出框中的按钮或者测量界面的按钮，该按钮将无效。

（3）测量记录　以表格的形式保存当前最近 20 组测量数据。最新的数据在最下面。

2. 刀具管理

刀具管理界面用于显示当前机床的刀具信息，并设置刀补参数。

六、智能生产线的看板管理

1. 登录

本页面用于用户登录，设置正确的用户名和密码即可登录看板网站。网站部署在本地，在浏览器的地址中输入"localhost"后按下 < Enter > 键即可登录该网站。

2. 首页

看板首页显示料仓的物料状态和相关信息，如图 6-34 所示。

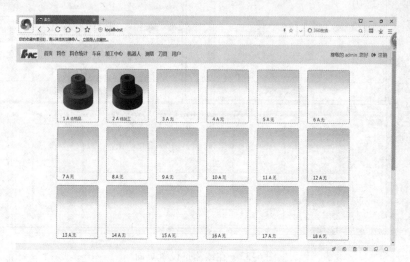

图 6-34　看板首页

3. 料仓

日志料仓页面显示料仓中各种类物料的状态信息，如图 6-35 所示。

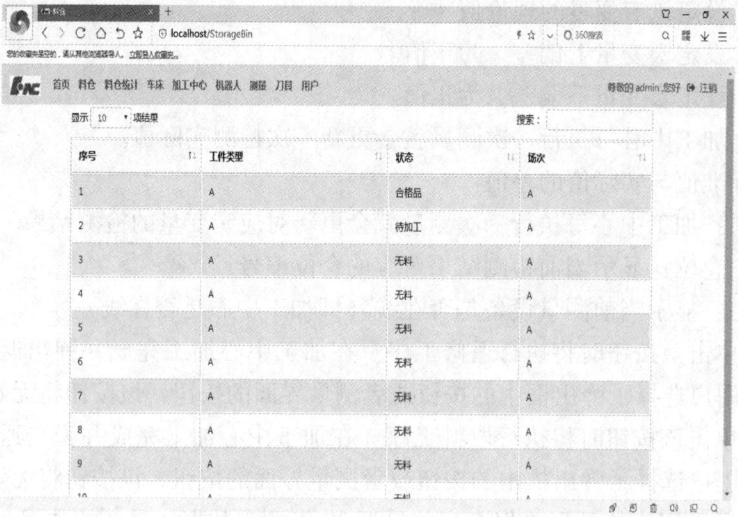

图 6-35　日志料仓页面

4. 料仓统计

本页面统计了当前料仓的物料信息，如图 6-36 所示。

5. 车床

本页面展示了车床当前的工作状态和加工信息，如图 6-37 所示。

6. 加工中心

本页面展示了加工中心当前的工作状态和加工信息，如图 6-38 所示。

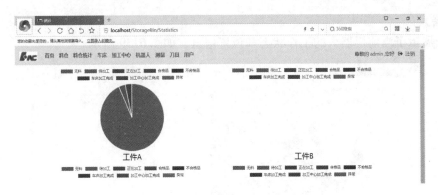

图 6-36 料仓物料统计页面

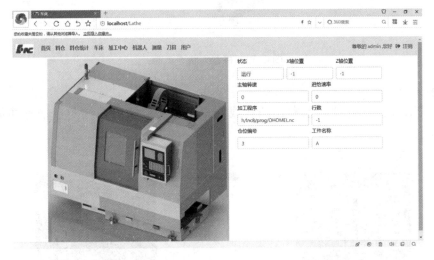

图 6-37 车床状态页面

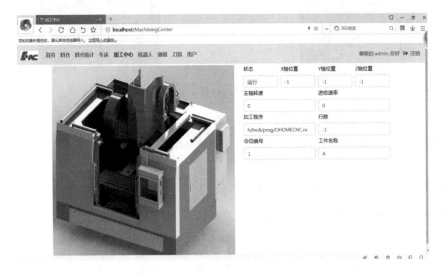

图 6-38 加工中心状态页面

7. 机器人

本页面展示了当前机器人的工作状态和位置信息，如图 6-39 所示。

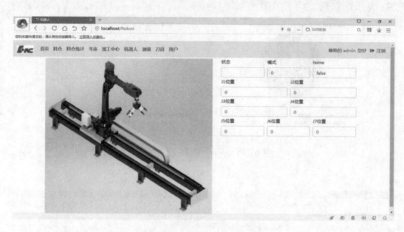

图 6-39　机器人状态页面

8. 测量

本页面展示了在线测量结果和详细在线测量信息，最新的在线测量信息在最上面，如图 6-40 所示。

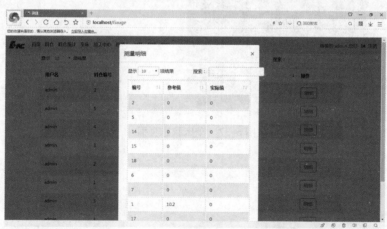

图 6-40　在线测量结果显示页面

9. 刀具

本页面展示了车床和加工中心的刀具信息，如图 6-41 所示。

10. 用户

本页面用来管理用户信息，如图 6-42 所示。

七、智能生产线总控软件的设置

1. 设置

设置页面是用来设置基本参数的，每一个产线系统在投入使用前必须在该页面设置好相关参数，包括用户管理、智能产线设备配置、机床设置和网络设置等。

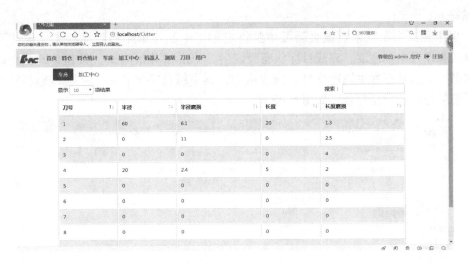

图 6-41 刀具信息页面

图 6-42 用户管理页面

（1）用户管理 用于注册用户，用户登录。新用户需要在注册区输入用户名和密码来注册用户，注册完成后在登录区登录即可。

（2）智能产线设备配置 智能产线配置页面用来配置整个产线所用设备。

（3）机床设置 机床设置页面用来配置产线机床的相关属性参数。

（4）网络设置

1）设置产线上各网络设备的 IP 地址，包括产线总控计算机 IP、车床 IP、加工中心 IP、可编程序控制器（PLC）IP、机器人 IP、录像机 IP、RFID IP、摄像头 1 IP 和摄像头 2 IP。

2）网络拓扑设计，在页面上部署了所有网络设备的简图，可以用鼠标单击任意两台设备进行设备连线，再次单击相同的设备连线将会取消。如果设备通信正常，则设备连线为绿色；如果通信不正常，则设备连线为红色。

9. 智能生产线硬件
通信简介

2. 验证

（1）机床测试　在机床测试页面可单独设定加工中心和车床的目标状态，包括开关门状态、卡盘状态以及主轴速度。完成目标状态设定后，单击"开始测试"按钮，即可将机床实际开关门状态、卡盘状态和主轴速度显示到表格中，其中绿色字体表示结果与目标相符合，红色字体表示结果与目标不相符合，如图6-43所示。

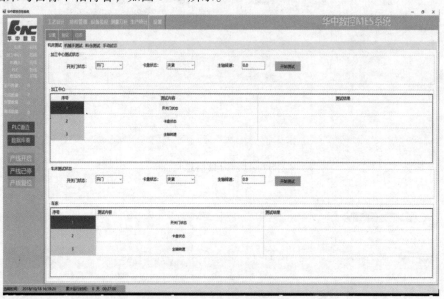

图6-43　机床测试页面

（2）机械手测试　该页面设定机械手J6轴和J7轴的目标位置，单击"开始测试"按钮，即可获取机械手的实际位置并显示在表格中。如果实际位置与目标位置一致，那么测试结果字体为绿色，不一致时则测试结果字体为红色，如图6-44所示。

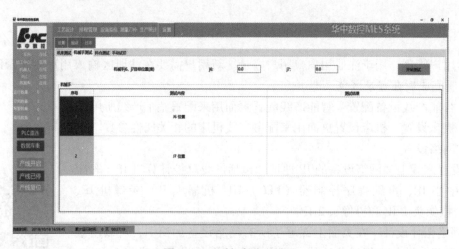

图6-44　机械手测试页面

（3）料仓测试　料仓测试页面可由操作人员自行设定每一个料仓的状态，单击"确定"按钮，状态将会保存到料仓页面，如图6-45所示。

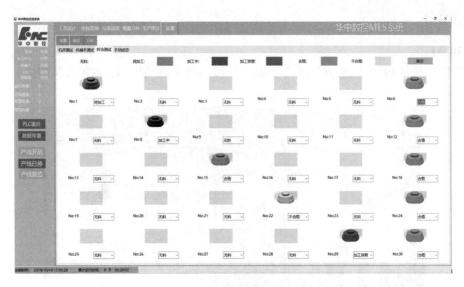

图 6-45 料仓测试页面

在图 6-45 所示状态下单击"确定"按钮，料仓状态将会被记录，这些状态等同于料仓真实状态并点亮对应的五色灯。在进行生产加工时，必须将料架按物料恢复为真实状态。

（4）手动试切 操作人员在手动模式下，如果执行了测量头测量程序，单击手动试切页面的"获取当前检测结果"按钮，那么 MES 将会自动获取加工中心的测量宏变量值，并与设置的参考值进行比较，得到测量结果，如图 6-46 所示。

图 6-46 手动试切测试页面

3. 日志

报警页面用来显示各个设备的在线状态和报警内容。

（1）系统日志 系统日志可显示当前产线系统本身的系统事件信息。系统日志分为安全和运行两部分。

（2）设备日志 设备日志可显示当前产线系统中与产线设备有关的事件信息。

（3）网络日志 网络日志用于显示当前系统中与网络连接有关的事件信息。

（4）操作 日志列表刷新查找等功能。

八、PDM

1. EBOM

1）打开"开目 PDM 客户端"单击"确定"按钮进入启动界面，如图 6-47 所示。

图 6-47   PDM 启动界面

2）进入"开目 PDM 系统—主控中心"，如图 6-48 所示。

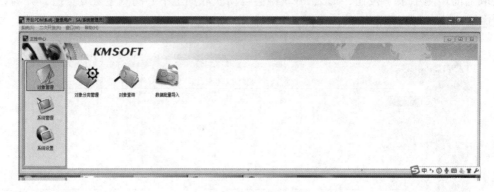

图 6-48   PDM 主控中心

3）单击"数据批量导入"图标进入"数据批量导入"界面，在窗口左上角右击选择"新数据导入..."，弹出"选择数据格式"窗口，如果是 2D 文件，选择"AutoCAD 文件"，文件格式为".dwg"；如果是 3D 文件，选择"SolidWorks 模型"，文件格式为".sldasm"或".sldprt"。

4）选择"AutoCAD 文件"，进入"数据导入向导—选择文件"窗口，如果是单个文件，在第一个窗口的空白处右击选择"添加文件..."；如果是多个文件存放在文件夹内，在第二个窗口的空白处右击选择"添加文件夹..."，以添加文件夹为例说明，如图 6-49 所示。

5）单击"下一步"按钮，然后单击"确定"按钮即可生成"EBOM"。在"产品结构树"窗口有一个树状文件结构，在根结构处右击选择"EBOM 结构数据传递"，即可将数据传输到 MES 中。

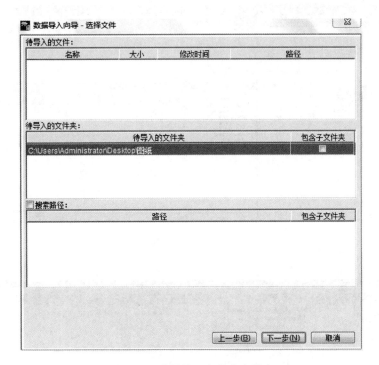

图 6-49 选择导入文件或文件夹

2. PBOM

1）在"产品结构树"窗口有一个树状文件结构，在根结构处右击选择"创建 PBOM 对象"，即可创建 PBOM，如图 6-50 所示。

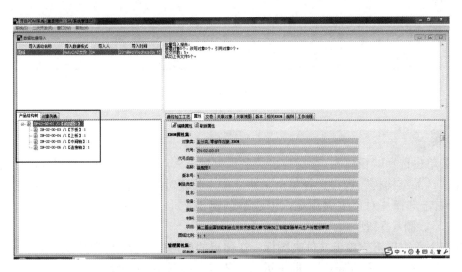

图 6-50 PBOM 产品结构树

2）在"关联对象"窗口，选择"EBOM- PBOM"，在右侧选择文件后右击选择"打开 PBOM 工艺规划界面"，即可打开 PBOM，如图 6-51 所示。

3）选择图 6-52 中的选项并右击，选择"PBOM 数据传递"，即可将 PBOM 数据传输到

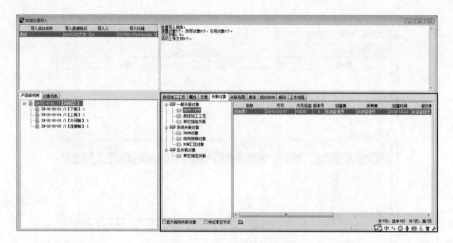

图 6-51　PBOM 关联对象

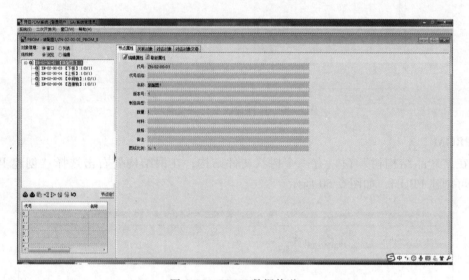

图 6-52　PBOM 数据传递

MES 中。

3. 工艺卡

1）在菜单栏选择"窗口"，然后单击"数据批量导入"，重新返回"数据批量导入界面"。

2）在"产品结构树"窗口选择单个文件，在"关联对象"窗口选择"数控加工工艺"，在右侧空白处右击选择"对象生命周期—创建"创建工艺卡，在弹出的窗口中单击"确定"按钮，如图 6-53、图 6-54 所示。

3）在右下角窗口下方单击文件夹图标，在弹出的窗口中选择"文卷"（见图 6-55），在窗口中选中文件右击并选择"编辑"，即可进入工艺卡，如图 6-56 所示。

4）在表格中单击，即可编辑表格内容。表格编辑注意事项是：在该行中有工序号，就不能有工步号；有工步号，就不能有工序号，即第一行写了工步号，工序号应该在第二行写。

5）返回到"开目 PDM 系统—数据批量导入"，在"数控加工工艺"中，选中"创建的生命周期"项后右击选择"下传工艺数据"，即可将工艺表下传到 MES 中。

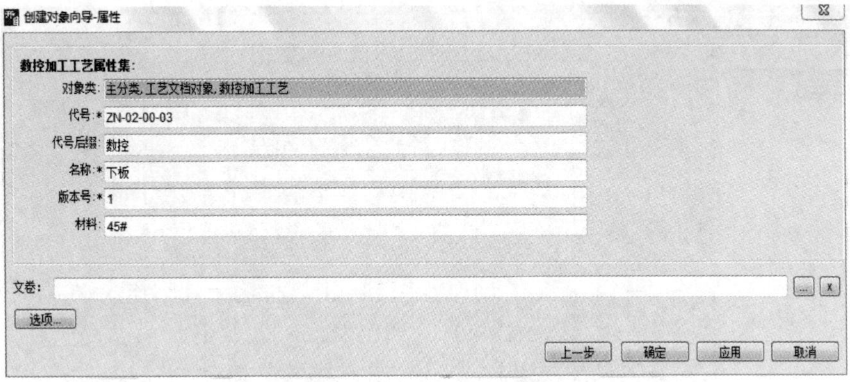

图 6-53 "关联对象"中选择"数控加工工艺"

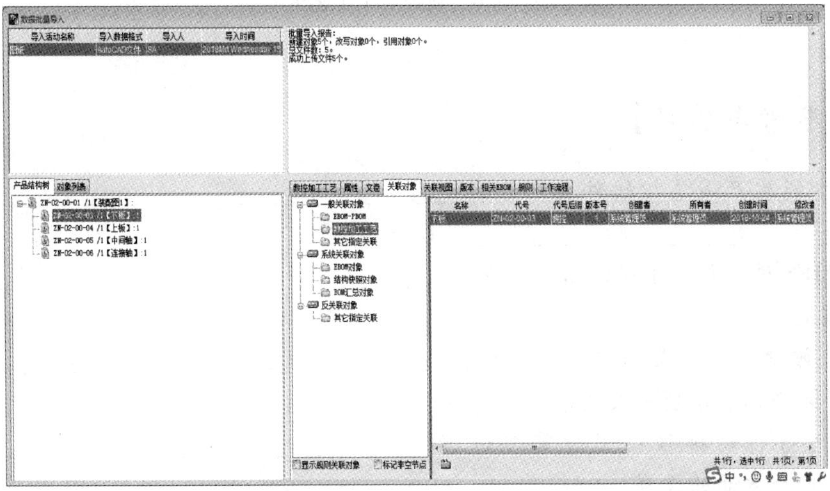

图 6-54 数控加工工艺

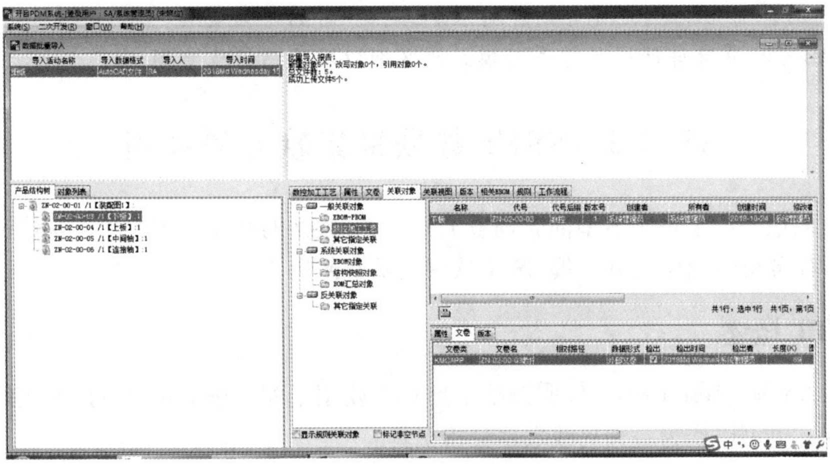

图 6-55 文卷

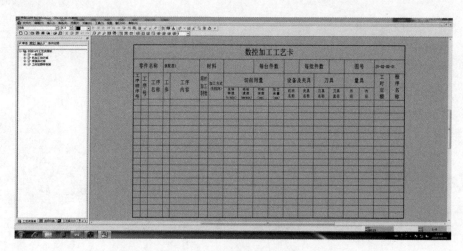

图 6-56　数控加工工艺卡

 【思考与练习】

1. MES 智能生产线总控软件共划分为＿＿＿＿＿＿＿＿、＿＿＿＿＿＿＿＿、＿＿＿＿＿＿＿＿、＿＿＿＿＿＿＿＿、＿＿＿＿＿＿＿＿和＿＿＿＿＿＿＿＿6 个模块。

2. 通过 MES 进行订单生成时需要最少保证＿＿＿＿＿＿＿＿、＿＿＿＿＿＿＿＿、＿＿＿＿＿＿＿＿中两个条件的满足。

3. 进行订单下料操作时，应注意＿＿＿＿＿＿＿＿、＿＿＿＿＿＿＿＿、＿＿＿＿＿＿＿＿和＿＿＿＿＿＿＿＿4 个内容实现满足要求。

4. MES 进行自动排程设置时需要进行＿＿＿＿＿＿＿＿、＿＿＿＿＿＿＿＿、＿＿＿＿＿＿＿＿和＿＿＿＿＿＿＿＿4 个方面的设置。

5. MES 的料仓状态界面存储了料仓物料状态、料仓编号、＿＿＿＿＿＿＿＿、＿＿＿＿＿＿＿＿、＿＿＿＿＿＿＿＿和＿＿＿＿＿＿＿＿6 种类型数据。

6. 通过实例说明 MES 自动派单时，存放加工程序时的命名规则。

7. 简述 MES 派单时自动模式与手动模式的区别以及使用注意事项。

任务 3　SSTT 数据采集软件的使用

本任务全面地介绍了华中 8 型伺服调整工具 SSTT 软件的常规使用方法、操作步骤及相关示例等，通过本任务可快速学习并掌握 SSTT 软件的基本使用方法。

一、SSTT 概述

SSTT（Servo Self Test Tools，伺服调整工具）主要用于配备华中 8 型数控系统的机床在线调试、诊断过程，也可以作为一种离线数据分析工具。

SSTT 的主要功能包括：

1）数据采样：提供给用户快捷的基本数据（如位置、速度、电流）采样和用户自定义数据（任意数据）采样。

2）测定功能：包括圆度测试、刚性攻丝（标准术语是攻螺纹，本书采用攻丝）测试和轮廓测试。其中，在圆度测试模式下，能够输出任意两轴的圆误差波形，以及相应的量化指标；在刚性攻丝测试模式下，能够输出刚性攻丝同步误差的时域波形图，以及相应的量化指标；在轮廓测试模式下，能够输出二维平面内任意 2 轴的轮廓图形。

3）图形操作：用户能够对波形曲线进行缩放、局部框选放大和回放操作，以便对采样特征点进行全局和局部分析。

4）数据分析：SSTT 软件能够绘制相应的波形曲线，并根据波形数据智能分析出一系列量化指标；在圆度测试模式下输出伺服不匹配度、轴加减速时间等指标；在刚性攻丝测试模式下输出 Z 轴与 C 轴的同步误差最大值、最小值。用户通过波形曲线和指标数据修改数控系统以及伺服驱动的参数。多次进行采样调整，不断地优化机床各轴的参数。

5）参数调整：支持在线读取数控系统参数，可进行参数的调整。

6）文件导入和导出：能够将采样数据进行保存，并在离线模式下导入采样数据文件，可对波形进行任意放大或缩小操作，并进行数据分析。

7）图形对比：支持两个示波器文件的图形数据对比，也支持将在线采集的波形与离线保存的数据波形文件进行对比。

二、IP 地址的设置

使用 SSTT 软件前，需要设置计算机（PC）的 IP 地址和数控系统（NC）的 IP 地址。PC 和 NC 的连接有两种方式：一种是通过网线直连；另一种是在同一局域网内。两者的 IP 地址需要设置在同一个 IP 段。

三、连接

打开 SSTT 软件，单击主菜单"网络"→"通信设置"，弹出"通信设置"对话框，如图 6-57 所示。

图 6-57 "通信设置"对话框

四、示波器

1. 时域分析

时域波形是以时间为横轴，以采样数据为纵轴绘制的波形，如图 6-58 所示。时域示波器分为基本采样和自定义采样两种。

（1）基本采样 在基本采样模式下，SSTT 会自动进行采样设置，采集 X、Y、Z 轴的位置、速度、加速度、捷度、跟踪误差和 C 轴的电流，并绘制时域波形。

（2）自定义采样 自定义采样既可以采集基本采样中的所有数据，也可以采集寄存器或变量等的数据。

（3）常规采样设置 常规采样设置包含三项内容：采样方式、采样点数和采样周期，如图 6-59 所示。

1）采样方式：采样方式分为"循环采样"和"填满通道"两种。其中，"填满通道"方式下，当采样数据的个数达到"采样点数"设置值时，采样会自动停止；"循环采样"方式下，

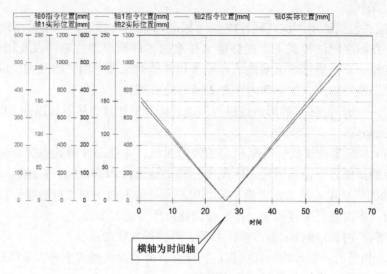

图6-58 时域波形

采样会持续进行，直到手动停止。

2）采样点数：采样点数的取值范围为100~10000。此项设置仅当采样方式设置为"填满通道"时才生效。

3）采样周期：采样周期的取值范围为1~4，单位是ms（毫秒），即每隔一个采样周期，采集一个数据。

图6-59所示为常规采样设置界面。

4）采样通道设置：设置采样通道，决定了SSTT从NC端采集哪些数据。每个采样通道对应一种采样数据，SSTT最多支持16个采样通道。

5）曲线波形设置：曲线波形设置决定了采样通道数据输出到曲线波形的方式。

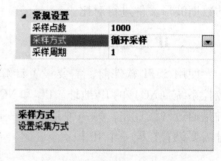

图6-59 常规采样设置界面

2. 指令域分析

指令域波形是以程序行号为横轴，以采样数据为纵轴绘制的柱状波形。指令域波形设置界面如图6-60所示。

当采样类型设置为指令位置至补偿值之间的任意一种时，需要填写关联的逻辑轴号。当采样类型为变量或寄存器时，需要设置变量或寄存器的偏移量及长度。

与时域图不同的是，指令域拥有两种

图6-60 指令域波形设置界面

不同的波形输出方法，即均值方法和方差方法。可通过工具栏上的"指令域"按钮进行实时切换。图形中柱状图超过设置的上限值的部分用红色标出来，如图6-61所示。

1）均值方法：对行号相同的数据点进行平均值计算，然后输出到波形。

2）方差方法：对行号相同的数据点进行方差计算，然后输出到波形。

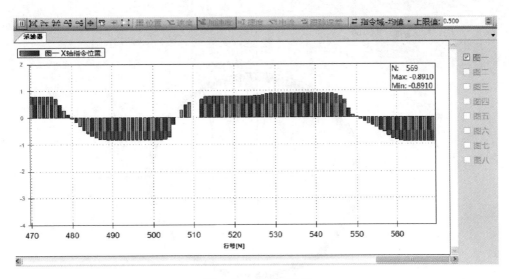

图 6-61 指令域波形

单击"柱状图",观测绘图区域右上侧的信息,该信息包括当前柱对应的行号及行号的最大值与最小值。

3. 圆度测试配置

圆度测试是输出圆的误差波形以及相应的量化指标。单击 SSTT 主界面左侧的"圆度测试"按钮调出圆度测试配置界面,如图 6-62 所示。

图 6-62 圆度测试配置界面

SSTT 输出圆误差波形时,需要获取圆插补的圆心、半径等信息。如果选择由 SSTT 生成 G 代码,并加载到 NC,如图 6-63 所示,那么 SSTT 会自动配置"圆心设置"的相关参数。如果选择在NC 端自行加载 G 代码,那么需要手动填入"圆心设置"的相关参数。

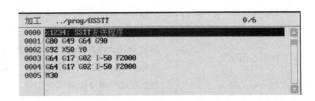

图 6-63 NC 端加载 G 代码

配置完成后,单击"确定"按钮结束配置。单击工具栏的"开始采样"按钮进行采样,并在 NC 端单击"循环启动"按钮运行 G 代码程序,SSTT 软件将输出圆误差波形。单击工具栏上相应的按钮或者按 F3 键可放大圆误差,单击相应按钮或 F4 键可缩小圆误差,如图 6-64 所示。

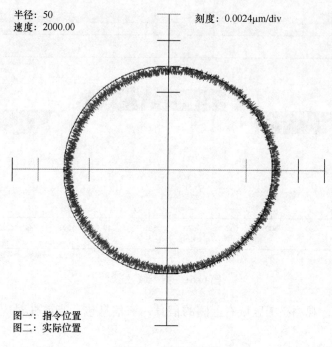

半径: 50
速度: 2000.00

刻度: 0.0024μm/div

图一: 指令位置
图二: 实际位置

图 6-64　圆误差波形

采样停止后，SSTT 软件会自动计算出圆误差以调整相关的量化指标，如图 6-65 所示。表 6-2 中为常见的误差指标调整方式。

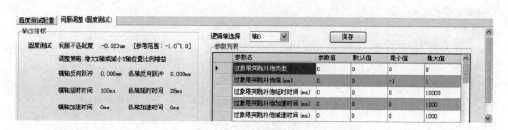

图 6-65　圆度测试

表 6-2　误差指标调整方式

指　　标	调 整 方 法
伺服不匹配度	以横轴为 X 轴，纵轴为 Y 轴为例： 指标 > 0：增加 Y 轴位置比例增益，或者减小 X 轴位置比例增益 指标 < 0：增加 X 轴位置比例增益，或者减小 Y 轴位置比例增益 指标接近 0 时停止调试
横轴、纵轴反向跃冲	填入【过象限突跳补偿值】
横轴、纵轴延时时间	填入【过象限突跳补偿延时时间】
横轴、纵轴加速时间	填入【过象限突跳补偿加速时间】
横轴、纵轴减速时间	填入【过象限突跳补偿减速时间】

4. 刚性攻丝的设置

输出刚性攻丝同步误差的时域波形图和刚性攻丝相关的量化指标。单击界面左侧功能栏的"刚性攻丝"按钮调出刚性攻丝设置界面，如图6-66所示。

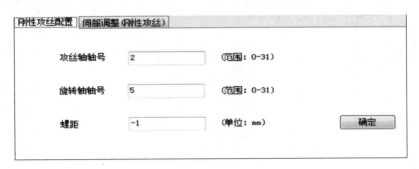

图6-66　刚性攻丝设置界面

单击工具栏上的"开始采样"按钮进行采样，SSTT软件把波形输出到图形显示区，如图6-67所示。采集完成后，SSTT软件会弹出调试窗口，可直接修改伺服参数，如图6-68所示。

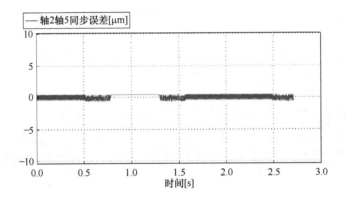

图6-67　刚性攻丝同步误差

图6-68　刚性攻丝调试窗口

5. 轮廓波形的采集

输出两维平面内任意两轴的轮廓图形，包括XY平面、YZ平面、XZ平面。单击界面左侧"轮廓波形"下"XY""YZ"或"XZ"可快速确定采集平面的轮廓，再单击工具栏上的"开始采样"按钮即可采集，如图6-69所示。

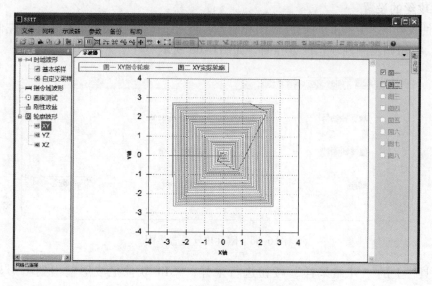

图 6-69　轮廓波形的采集

6. 陷波器的调整

陷波器主要是通过调整陷波器参数（伺服参数 PB32 ~ PB38），尽可能地提高速度比例增益（伺服参数 PA2），以减小速度波动。

单击工具栏上的"频域图"将采集到的数据进行换算后画出频域图（横轴为频率，纵轴为幅值），也可以单击"时域图"进行切换，如图 6-70 所示。

图 6-70　时域图与频域图的切换

通过频域图找到曲线的尖峰，将尖峰对应的横轴坐标（频率值）填入陷波器频率参数中，勾选"启用陷波器"复选框，即可消除该频率引起的振动或异响，如图 6-71 所示。

7. G 代码显示

将光标悬浮在界面右侧的"G 代码"标签上，弹出 G 代码显示界面。G 代码行会随着 NC 端的 G 代码运行更新，可对比观察波形与当前运行的 G 代码行，如图 6-72 所示。如果需要 G 代码显示界面不自动隐藏，可单击 G 代码显示面板右上角的"Auto Hide"按钮。

8. 图形操作

工具栏上有若干个示波器操作按钮，可以对采样波形进行各种操作。SSTT 软件能够将示波器数据保存至文件，也可以载入已保存的文件，还可以对图形显示区进行截图和打印操作。

9. 波形对比

SSTT 软件不仅支持两个离线数据文件的波形对比，也支持在线采集的数据和离线数据文件的对比。

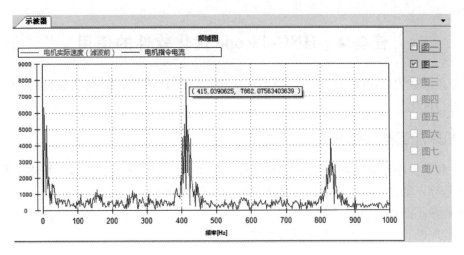

图 6-71　频域图尖峰值

图 6-72　G 代码显示

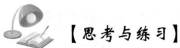

【思考与练习】

1. SSTT 软件具有数据采集、测定、_____、_____、_____、_____和_____7 个功能模块。

2. SSTT 软件测定功能中包括_____、_____与_____3 种类型。

3. 安装 SSTT 软件的 PC 与 NC 进行连接时有_____、_____两种方式。

4. 数控机床常规采样设置包含_____、_____、_____三项内容。

5. 指令域分析中，对行号相同的数据点进行平均值计算，然后输出到波形的是_____。

6. 简述示波器的功能类型，并对它们进行简单介绍。

任务 4   HNC-iScope 优化软件的使用

本任务是掌握优化软件的操作方法并熟练应用，利用 HNC-iScope 优化软件对 SSTT 软件采集的数据进行优化。

一、机床加工程序要求

主程序和子程序使用时必须遵循以下规则，否则可能导致工艺优化失败。具体要求如下：
1) 主程序不能涉及换刀指令，可将换刀指令放在子程序中。
2) 子程序不能再次嵌套子程序。
3) 子程序的行数尽量大于主程序的行数。

二、HNC-iScope 优化软件综述

HNC-iScope 优化软件具有如下功能：
1) 读入原始刀轨 G 代码文件，显示 G 代码文本，三维显示 G 代码对应的刀位点轨迹。
2) 在属性窗口显示空间域、时域、指令域和频域的特征。
3) 在刀具分类窗口显示按不同刀具所对应的最大电流、特征阈值、G 代码区间段和实际运行情况。
4) 进行电流不连续点的显示与查找。
5) 对 G 代码进行单独一行修改或批量修改。
6) 手动设置进给速度的上限值和优化系数。
7) 根据 G05. Qn 或刀具半径自动识别加工阶段，也可手动设置加工阶段信息。

三、系统操作

HNC-iScope 优化软件的使用流程如图 6-73 所示。

1. 优化软件组成模块
1) 软件菜单栏如图 6-74 所示。

图 6-73   HNC-iScope 优化软件使用流程

图 6-74   软件菜单栏

2) 文本显示如图 6-75 所示。
3) 主视图的三维显示如图 6-76 所示。
4) 底部视图的二维时域显示如图 6-77 所示。
5) 底部视图的二维指令域显示如图 6-78 所示。

2. 导入 G 代码文件
单击界面左上方 G 代码框内的"文件夹"按钮，选取需要优化的 G 代码文件。

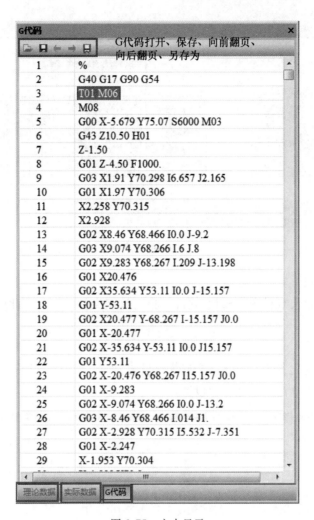

图 6-75　文本显示

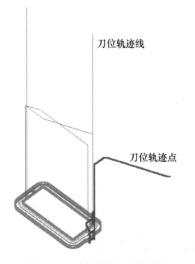

图 6-76　主视图的三维显示

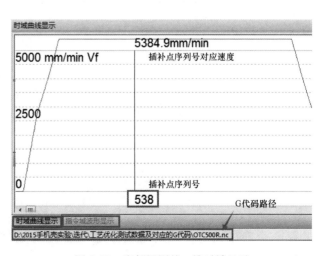

图 6-77　底部视图的二维时域显示

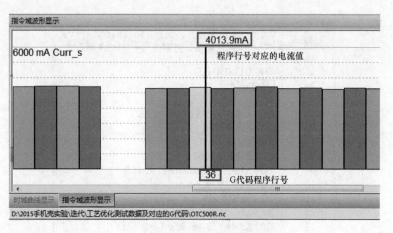

图 6-78　底部视图的二维指令域显示

3. 导入二进制文件

在机床上运行时导入 G 代码，SSTT 软件采集二进制文件。注意：此处的 G 代码文件与二进制文件必须匹配。

4. 设置优化系数

单击界面上的"优化参数"按钮，开启优化设置界面，如图 6-79 所示。根据工艺需求设置相关优化参数，单击"确定"按钮保存设置。

图 6-79　优化设置界面

5. 设置加工阶段的相关参数

单击界面上的"加工阶段"按钮，打开设置界面，如图 6-80 所示。根据 G 代码情况设置 G05.1Qn 的值以设定对应的加工阶段，单击"确定"按钮保存设置。

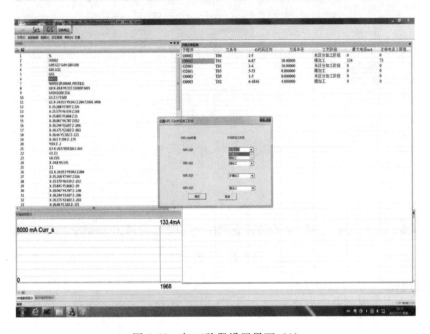

图 6-80　加工阶段设置界面（1）

6. 修改 F 值及优化加工代码

在刀具的分类信息中，选取对应的子程序和刀具号，这里选取了子程序 O0002 中刀具号为 T01 的代码段，如图 6-81 所示。

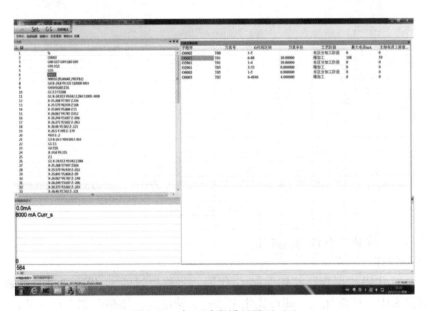

图 6-81　加工阶段设置界面（2）

单击修改 F 值按钮，设置该段代码的优化行数，单击"确定"按钮保存修改，开始优化，如图 6-82 所示。

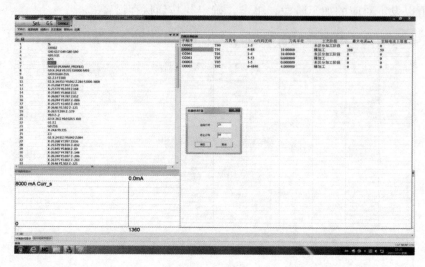

图 6-82　F 值修改

7. 优化后代码

如图 6-83 所示，可以看到系统自动在优化相应行代码后，进给速度全部修改了，这表示该段代码优化完成。

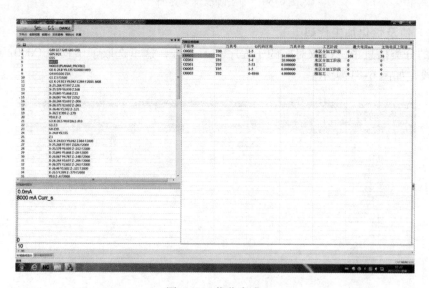

图 6-83　优化完成

重复上述步骤，完成所有代码的优化。

8. 优化代码保存

单击左上角 G 代码"保存"按钮保存 G 代码。将修改过的 G 代码通过总控软件的订单派发重新下发到机床中；重新加工，即可优化主轴的负载情况，使整个加工过程的负载更加均衡，进而提高加工效率，延长刀具的使用寿命。

【思考与练习】

1. 数控机床主程序和子程序使用时应注意＿＿＿＿＿＿＿、＿＿＿＿＿＿＿、＿＿＿＿＿＿＿三个关键技术点。

2. HNC-iScope 优化软件的属性窗口能够显示＿＿＿＿＿＿＿、＿＿＿＿＿＿＿、＿＿＿＿＿＿＿三类内容。

3. 优化软件能够中能够通过手动设置＿＿＿＿＿＿＿、＿＿＿＿＿＿＿。

4. 工艺优化软件模块的底部二维时域显示的有＿＿＿＿＿＿＿＿、＿＿＿＿＿＿＿、＿＿＿＿＿＿＿＿＿。

5. 优化软件导入二进制文件时，应注意＿＿＿＿＿＿＿＿＿＿＿＿。

6. 简述 HNC-iScope 优化软件的操作流程。

任务5　切削加工智能制造单元软件的综合应用

一、工艺设计

1）使用 UG 或其他 CAD/CAM 软件生成的 2D（DWG 文件）时，将自动生成对应的 EBOM、PBOM 和数控加工工艺文件，这些文件能够修改和编辑。

2）根据生成的 2D（DWG 文件）生成 3D 文件，从 3D 软件的设计档案中自动生成 EBOM、PBOM 和数控加工工艺文件，并能够修改和编辑。

二、排程管理

1. 手动排程

1）根据加工需要选择手动排程，以生成工件的加工工序。对工件的每一道工序实行分步加工，进行上料、下料、换料及返修。

2）对加工工序排列组合，以完成零件的加工。

3）能够使用多数量、多种类零件混流执行。

4）零件加工程序通过网络自动下发给机床。

5）根据需要对零件进行返修或换料。

2. 自动排程

能够根据工艺等参数自动对订单任务进行生产加工排程。排程完成后，结合其他模块完成订单的自动加工。

三、加工程序管理

1）导入加工程序，直接通过网络将加工程序下发给机床，并跟踪下发状态。

2）导入加工程序后，工件自动识别匹配的加工程序（适应工件类型的变化），在加工前通过网络下发机床且自动加载。

四、数控机床数据采集

1）机床的工作状态，包括离线、在线、加工、空闲和报警等。

2）轴信息，包括工作模式、进给倍率、轴位置、轴负载和主轴速度等。

3）机床正在执行的加工程序名称。

4）机床的报警信息。

5）机床卡盘、开关门信息。

6）机床的刀具、刀补信息。

五、机器人数据采集

1）机器人轴位置信息，包括关节1、关节2、关节3、关节4、关节5、关节6和第七轴。

2）机器人的工作状态信息。

3）机器人的通信状态信息。

4）机器人的报警信息。

六、料仓管理

1）物料信息的设置，包括类型、场次等。

2）实时地跟踪物料状态信息，包括无料、待加工、加工中、加工异常、加工完成、不合格状态。

3）将物料信息同步给PLC和五色灯。

4）进行料仓盘点，每个仓位下拉列表绑定任意工件类型，每个类型的工件绑定多个仓位，同时该模块执行RFID的读写功能。

5）五色灯的通信设置。

6）将料仓初始化。

七、监控功能

1）设置录像机的通信参数。

2）预览摄像头视频。

3）截取监视图片。

4）显示录像机的操作信息。

八、刀补信息采集

1）读取并显示两台机床的刀具信息，包括长度、半径、长度补偿和半径补偿等信息。

2）实时地获取机床的刀具数量，采集机床刀具数据。

3）能够修改长度补偿、半径补偿并直接通过网络下发给机床。

九、在线测量数据采集

1）设置在线测量数据采集参数。

2）机床在线测量完成后，能够通过网络读取机床的在线测量数据并对比测量参数，以判断检测结果是否合格。

3）在线测量历史数据记录，能查看每一个加工工件的测量数据、测量结果、测量时间等信息，以便于分析测量数据和加工趋势，预先对工件的尺寸信息进行设定，每个工件都有多个变量号，每个变量均有理论值、上偏差、下偏差和备注。

十、返修

显示工件的尺寸信息和刀具补偿信息，工件加工完成之后，可以查看工件的理论值和实际值之间的误差，以决定是进行返修还是加工操作已经完成；若工件需要进行返修，要先确定对应的刀补，待刀补程序写入系统中后，再进行返修操作。

十一、质量可追溯

对每一个零件的加工过程进行追溯，追溯内容包括每一个零件的加工工序、测量数据、测量结果等信息。

十二、生产数据统计

1）统计单个零件的生产件数，以及零件的合格、不合格、异常个数占比统计等。
2）统计多个零件的综合生产件数，以及零件的合格、不合格、异常个数占比统计等。

十三、看板

1）机床监视看板，包括机床在线状态、机床工作状态（空闲、运行、报警）、轴位置、轴速度和轴负载。
2）刀具看板，两台机床刀具信息看板。
3）机器人看板，包括机器人在线状态、机器人工作状态（空闲、运行、报警）、轴位置。
4）料仓看板，包括料仓物料信息、工件状态。
5）生产统计看板，包括加工件数、合格率。
6）机床加工状态视频监控看板（包括设备的动率、报警和状态等）。

十四、网络拓扑设置与验证

1）图形化显示产线网络拓扑图。
2）配置各设备的通信参数。
3）机床的通信测试，通过查看卡盘状态、开关门状态和主轴转速信息，手动派发并加载加工程序，以验证机床通信是否正常。
4）机器人通信测试，通过查看机器人的位置信息来验证机器人通信是否正常。
5）料仓通信测试，通过设置料仓的状态和五色灯来验证料仓通信是否正常。
6）在线测量头的通信测试，通过查看测量数据来验证测量头的功能是否正常。

十五、日志

查看记录软件的操作信息。

十六、零件加工数据采集与优化

1. 零件加工数据的采集

1）SSTT 采集软件通信设置。

2）SSTT 采集软件采集参数设置。

3）SSTT 采集软件零件加工数据采集与保存。

2. 零件加工数据的优化

1）HNC-iScope 优化软件导入 G 零件加工代码文件。

2）HNC-iScope 优化软件导入 G 代码加工程序加工时采集数据的二进制文件。

3）设置 HNC-iScope 优化软件的优化参数。

4）HNC-iScope 优化软件优化代码并保存。

5）将修改过的 G 代码通过总控软件的订单派发功能重新下发到机床中；重新加工，查看主轴负载优化情况，以提高加工效率，延长刀具的使用寿命。

【思考与练习】

1. 数控机床的数据采集包括机床工作状态、轴信息、＿＿＿＿＿＿＿＿＿＿＿、＿＿＿＿＿＿＿＿＿＿＿、＿＿＿＿＿＿＿＿＿＿＿以及＿＿＿＿＿＿＿＿＿＿＿。

2. 机器人的数据采集包括＿＿＿＿＿＿＿＿＿＿＿、＿＿＿＿＿＿＿＿＿＿＿、＿＿＿＿＿＿＿＿＿＿＿和报警信息。

3. MES 软件监控模块具有＿＿＿＿＿＿＿＿＿＿＿、＿＿＿＿＿＿＿＿＿＿＿、＿＿＿＿＿＿＿＿＿＿＿和＿＿＿＿＿＿＿＿＿＿＿。

4. 机床的刀具信息包括＿＿＿＿＿＿＿＿＿＿＿、＿＿＿＿＿＿＿＿＿＿＿、＿＿＿＿＿＿＿＿＿＿＿和＿＿＿＿＿＿＿＿＿＿＿等信息。

5. 零件加工数据采集与优化功能实现需要的软件有＿＿＿＿＿＿＿＿＿＿＿与＿＿＿＿＿＿＿＿＿＿＿。

6. 软件看板模块中能够显示的设备有＿＿＿＿＿＿＿＿＿＿＿、＿＿＿＿＿＿＿＿＿＿＿、＿＿＿＿＿＿＿＿＿＿＿。

项目 7　总控 PLC 的编程与调试

　　总控 PLC 控制系统由 1 台工业计算机（IPC）、2 个总线 I/O 单元（HIO-1000A 型和 HIO-1000B 型各 1 个）、带 UPS 功能的开关电源（HPW-145U）和交换机组成。其中，总控 PLC 控制系统的核心是 IPC 单元，在整个智能制造单元中，总控 IPC 主要承担数控机床（数控车床、钻攻中心）、智能仓库和工业机器人之间的信号交互，处理总控软件和 RFID 读写器之间的信息交互，处理总控软件发出的指令与工业机器人之间的信息交互，如图 7-1 所示。在运行期间，总控 IPC 作为信息处理的中心，在机器人、智能仓库、数控机床之间搭建的信息桥梁，可以满足控制的需要。

一、PLC 硬件的连接及组态

1. 总控单元的硬件组成

　　（1）总控 IPC　总控 IPC 是总控系统的控制中心，其核心是一台工业计算机。

　　（2）UPS 开关电源　UPS 开关电源（HPW-145U）用于提供电源，该开关电源具有掉电检测及 UPS 功能（不间断电源）。

　　（3）总线式 I/O 单元　总线式 I/O 单元通过总线协议（NCUC 总线协议）将各个 I/O 单元与 IPC 单元相连。

2. 总控单元的硬件连接

　　总控 IPC 单元和上位机、数控车床、钻攻中心通过交换机采用 TCP/IP 协议连接，上位机通过 SCADA 软件将数控车床和钻攻中心中的加工信息、PLC 中的信息与 IPC 单元中的信息进行交

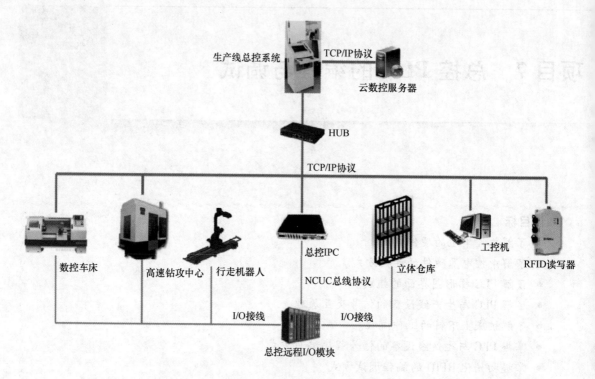

图 7-1　智能制造单元的结构

互，IPC 单元的 PLC 通过 I/O 信号控制机床气动门的开关、机床气动卡盘的开关、机床的起动、机器人的起动如图 7-2 所示。

3. 总控单元的连接设置

总控单元与机器人、机床、RFID 设备连接后，需要完成相应设置才能进行信息的交互。给每个模块设定地址，该地址将作为 PLC 编程中的地址。

二、总控 PLC 编程软件项目的创建方法

总控软件 PLC 编程一般采用华中数控 LADDER 软件进行编制，通过可视化图形编程可以方便地进行总控程序梯形图开发。

图 7-3 所示为梯形图界面，包括工具栏、元件区、编辑区和信息框部分。其中，工具栏和元件区都可以随意停靠，也就是说，它们可以放置在主窗口中 4 个侧边的任意一个上。也可以使工具栏"浮"在桌面上的任何位置。

三、总控 PLC 获取产线设备状态信息的编程与调试

1. 总控软件通过总控 PLC 获取数控机床的工作状态

总控 IPC 中的 PLC 程序与机床通过采用远程 I/O 硬件连接可以进行信息交互和控制，同时智能生产线总控软件能通过以太网直接访问总控 PLC 中的 R 寄存器，将总控 PLC 接收到的数控机床的状态数据，通过以太网协议传送到智能生产线总控软件。其中，总控 PLC 和数控车床、钻攻中心的输入输出点位见表 7-1。

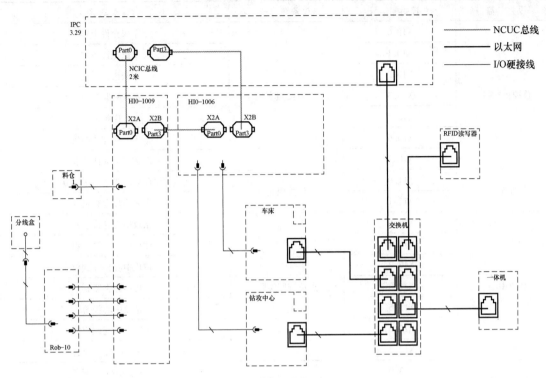

图 7-2 总控单元的拓扑连接

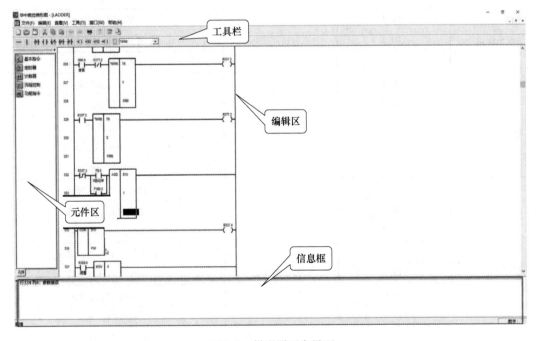

图 7-3 梯形图开发界面

表 7-1　总控 PLC 和数控车床、钻攻中心的输入输出点位

设　　备	总控柜侧信号	设备侧信号	信　号　解　释
总控柜按钮	X10.0	点位按照实际	车床允许上料
	X10.1		车床允许下料
	X10.2		车床松开到位
	X10.3		车床夹紧到位
	X10.5		车床报警
	X10.6		车床上料完成应答
	X10.7		车床下料完成应答
数控车床	X11.0	点位按照实际	车床手/自动反馈（1 自动/0 手动）
	X11.1		车床循环运行反馈
钻攻中心	X12.0	点位按照实际	钻攻中心允许上料
	X12.1		钻攻中心允许下料
	X12.2		钻攻中心松开到位
	X12.3		钻攻中心夹紧到位
	X12.5		钻攻中心报警
	X12.6		车床上料完成应答
	X12.7		车床下料完成应答
数控车床	X13.0	点位按照实际	车床手动/自动反馈
	X13.1		车床循环运行反馈
总控柜按钮	Y10.0	点位按照实际	车床上料完成
	Y10.1		车床下料完成
	Y10.2		请求车床卡盘松开
	Y10.3		请求车床卡盘夹紧
	Y10.5		车床外部急停
数控车床	Y11.0	点位按照实际	车床手动
	Y11.1		车床自动
	Y11.2		车床循环起动
	Y11.3		车床进给保持
钻攻中心	Y12.0	点位按照实际	钻攻中心上料完成
	Y12.1		钻攻中心下料完成
	Y12.2		请求钻攻中心卡盘松开
	Y12.3		请求钻攻中心卡盘夹紧
	Y12.5		钻攻中心外部急停
	Y13.0		钻攻中心手动
	Y13.1		钻攻中心自动
	Y13.2		钻攻中心循环启动
	Y13.3		钻攻中心进给保持

具体的样例程序如图 7-4、图 7-5 所示。

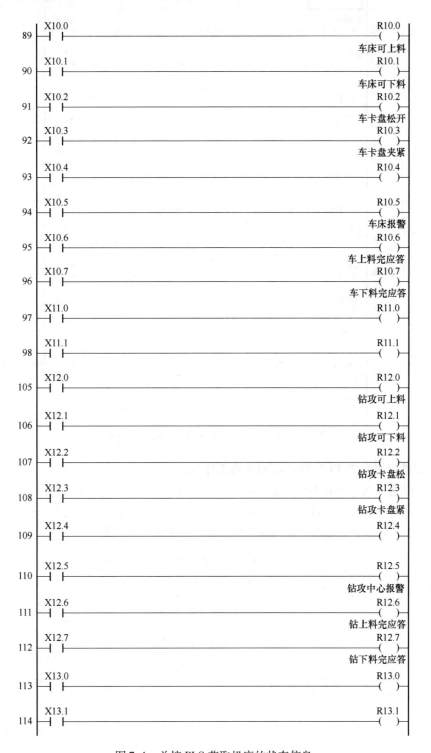

图 7-4　总控 PLC 获取机床的状态信息

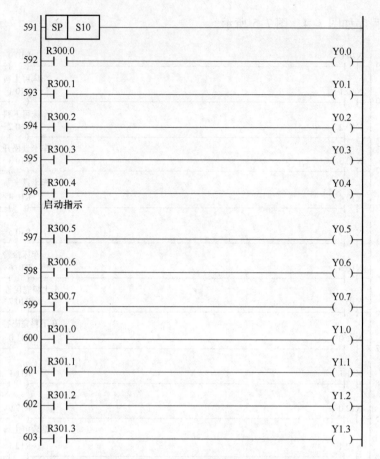

图 7-5　总控 PLC 输出控制信号给数控机床

2. 总控软件通过总控 PLC 获取机器人的工作状态

机器人总控电柜通过远程 IO 将信号传到总控电柜，同时智能生产线总控软件能通过以太网直接访问总控 PLC 中的 R 寄存器，将总控 PLC 接收到的机器人的状态数据，通过以太网协议传送到智能生产线总控软件。总控 PLC 和机器人的输入输出点位见表 7-2。

表 7-2　总控 PLC 和机器人的输入输出点位

设　　备	总控柜侧信号	设备侧信号	信 号 解 释
行走机器人	X3.0	Y1.0	功能编码 0 反馈
	X3.1	Y1.1	功能编码 1 反馈
	X3.2	Y1.2	功能编码 2 反馈
	X3.3	Y1.3	功能编码 3 反馈
	X3.4	Y1.4	功能编码 4 反馈
	X3.5	Y1.5	功能编码 5 反馈
	X4.0	Y2.0	物料种类编码 0 应答
	X4.1	Y2.1	物料种类编码 1 应答

（续）

设 备	总控柜侧信号	设备侧信号	信 号 解 释
	X4.2	Y2.2	物料种类编码2应答
	X4.3	Y2.3	物料种类编码3应答
	X4.4	Y2.4	物料种类编码4应答
	X4.5	Y2.5	物料种类编码5应答
	X5.0	Y3.0	车床反馈
	X5.1	Y3.1	钻攻中心反馈
	X5.2	Y3.2	指令执行反馈
	X5.3	Y3.3	指令执行
	X5.4	Y3.4	料仓初始化执行
	X5.5	Y3.5	料仓初始化完成
	X6.0	Y4.0	机器人对车床上料完成
	X6.1	Y4.1	机器人对车床下料完成
	X6.2	Y4.2	机器人请求车床卡盘松开
	X6.3	Y4.3	机器人请求车床卡盘夹紧
	X6.6	Y4.6	机器人运行中
	X6.7	Y4.7	机器人处于原点位
	X7.0	Y5.0	机器人对钻攻中心上料完成
行走机器人	X7.1	Y5.1	机器人对钻攻中心下料完成
	X7.2	Y5.2	机器人对请求钻攻中心卡盘松开
	X7.3	Y5.3	机器人对请求钻攻中心卡盘夹紧
	X7.6	Y5.6	机器人运行报警
	X7.7	Y5.7	机器人系统报警
	Y3.0	X1.0	功能编码0
	Y3.1	X1.1	功能编码1
	Y3.2	X1.2	功能编码2
	Y3.3	X1.3	功能编码3
	Y3.4	X1.4	功能编码4
	Y3.5	X1.5	功能编码5
	Y4.0	X2.0	物料种类编码0
	Y4.1	X2.1	物料种类编码1
	Y4.2	X2.2	物料种类编码2
	Y4.3	X2.3	物料种类编码3
	Y4.4	X2.4	物料种类编码4
	Y4.5	X2.5	物料种类编码5
	Y5.0	X3.0	车床
	Y5.1	X3.1	钻攻中心

（续）

设　　备	总控柜侧信号	设备侧信号	信 号 解 释
	Y5.2	X3.2	指令执行
	Y5.3	X3.3	指令执行反馈
	Y5.4	X3.4	料仓初始化
	Y5.5	X3.5	料仓初始化完成反馈
	Y5.7		机器人急停
	Y6.0	X4.0	机器人可对车床上料
	Y6.1	X4.1	机器人可对车床下料
	Y6.2	X4.2	车床卡盘松开到位
行走机器人	Y6.3	X4.3	车床卡盘夹紧到位
	Y6.6	X4.6	上料完成应答
	Y6.7	X4.7	下料完成应答
	Y7.0	X5.0	机器人可对钻攻中心上料
	Y7.1	X5.1	机器人可对钻攻中心下料
	Y7.2	X5.2	钻攻中心卡盘松开到位
	Y7.3	X5.3	钻攻中心卡盘夹紧到位
	Y7.6	X5.6	上料完成应答
	Y7.7	X5.7	下料完成应答

四、总控 PLC 工作任务的编程与调试

1. 总控 PLC 和总控软件信息交互的设计

智能生产线总控软件通过开发的 SDK 接口采用 TCP/IP 协议直接与总控 PLC 进行信息的交互，智能生产线总控软件可直接读、写总控 PLC 的中间寄存器 R。其交互信息见表 7-3。

表 7-3　智能生产线总控软件和 PLC 中间寄存器 R 之间的交互信息

寄存器	定　　义	说　　明
R240	出库仓位号	1~16 个仓位值（1~16）
R241	入库仓位号	1~16 个仓位值（1~16）
R242	料仓工件种类	毛坯 A（1）、半成品车 A（2）、半成品铣 A（3）、成品 A（4）、毛坯 B（5）、半成品车 B（6）、半成品铣 B（7）、成品 B（8）
R243	设备	车床（10）、钻攻中心（20）
R244	任务类型	料仓取料进机床（10）、机床取料回料仓（20）、料仓 RFID 初始化（30）
R245	RFID 读/写完成/料仓初始化完成/不符合	17/18/19/21
R246	请求 RFID 读/写/料仓初始化	17/18/19
R247	PLC 状态	10 就绪/20 故障/30 运行中/40 未准备好
R248	机器人状态	10 就绪/20 故障/30 运行中/40 未准备好
R249	车床状态	10 允许上料/20 允许下料/30 车床报警/40 车床未准备好
R250	铣床状态	10 允许上料/20 允许下料/31 钻攻中心报警/40 钻攻中心未准备好

2. 初始化料仓 RFID 芯片工作任务的编程与调试

例程说明如下：

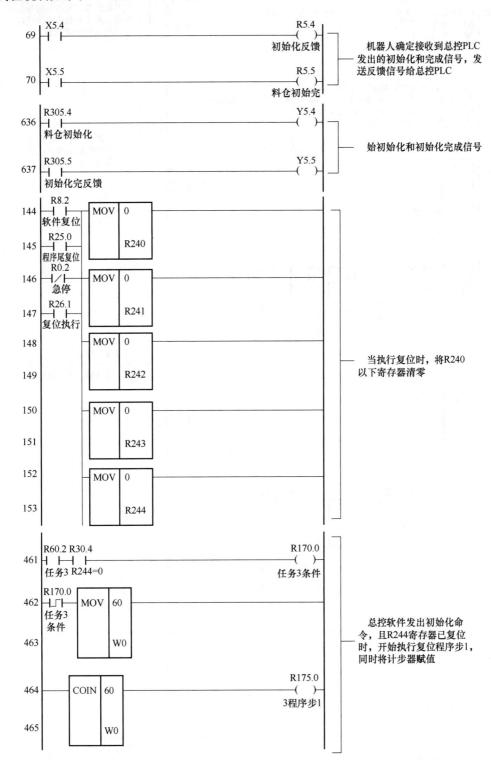

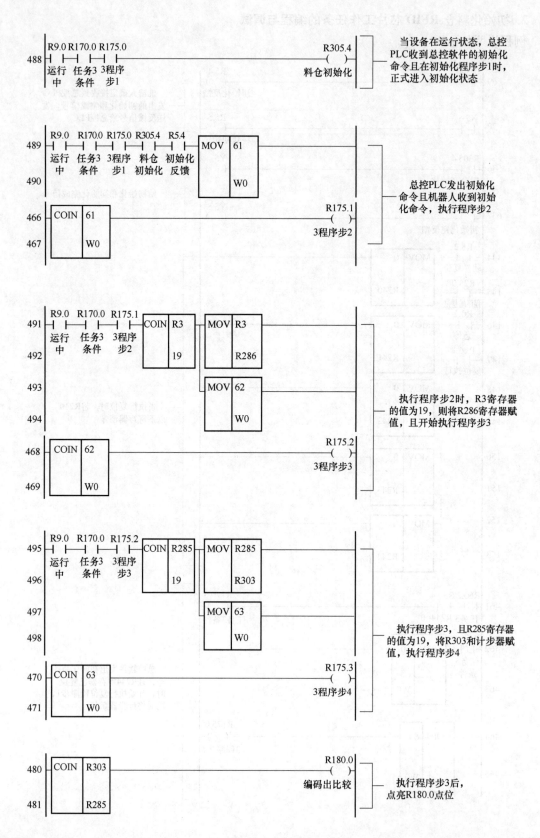

488 R9.0 R170.0 R175.0 　　　　　　　　　　　　　　　　　　　R305.4
　　运行　任务3　3程序　　　　　　　　　　　　　　　　　( )
　　中　　条件　　步1　　　　　　　　　　　　　　　料仓初始化

当设备在运行状态，总控PLC收到总控软件的初始化命令且在初始化程序步1时，正式进入初始化状态

489 R9.0 R170.0 R175.0 R305.4 R5.4 ┤MOV│ 61│
　　运行　任务3　3程序　料仓　初始化 │　　│
490 　中　条件　　步1　初始化 反馈 │　　│ W0│

466 ┤COIN│ 61│　　　　　　　　　　　　　　　　R175.1
467 │　　│ W0│　　　　　　　　　　　　　　( )
　　　　　　　　　　　　　　　　　　　　　　　3程序步2

总控PLC发出初始化命令且机器人收到初始化命令，执行程序步2

491 R9.0 R170.0 R175.1 ┤COIN│ R3│ ┤MOV│ R3│
　　运行　任务3　3程序 │　　│ │　　│ R286│
492 　中　条件　　步2 │　　│ 19│

493 　　　　　　　　　　　　　　┤MOV│ 62│
494 　　　　　　　　　　　　　　│　　│ W0│

468 ┤COIN│ 62│　　　　　　　　　　　　　　R175.2
469 │　　│ W0│　　　　　　　　　　　　( )
　　　　　　　　　　　　　　　　　　　　　3程序步3

执行程序步2时，R3寄存器的值为19，则将R286寄存器赋值，且开始执行程序步3

495 R9.0 R170.0 R175.2 ┤COIN│ R285│ ┤MOV│ R285│
　　运行　任务3　3程序 │　　│ │　　│ R303│
496 　中　条件　　步3 │　　│ 19│

497 　　　　　　　　　　　　　　┤MOV│ 63│
498 　　　　　　　　　　　　　　│　　│ W0│

470 ┤COIN│ 63│　　　　　　　　　　　　　　R175.3
471 │　　│ W0│　　　　　　　　　　　　( )
　　　　　　　　　　　　　　　　　　　　　3程序步4

执行程序步3，且R285寄存器的值为19，将R303和计步器赋值，执行程序步4

480 ┤COIN│ R303│　　　　　　　　　　　　　R180.0
481 │　　│ R285│　　　　　　　　　　　　( )
　　　　　　　　　　　　　　　　　　　　编码出比较

执行程序步3后，点亮R180.0点位

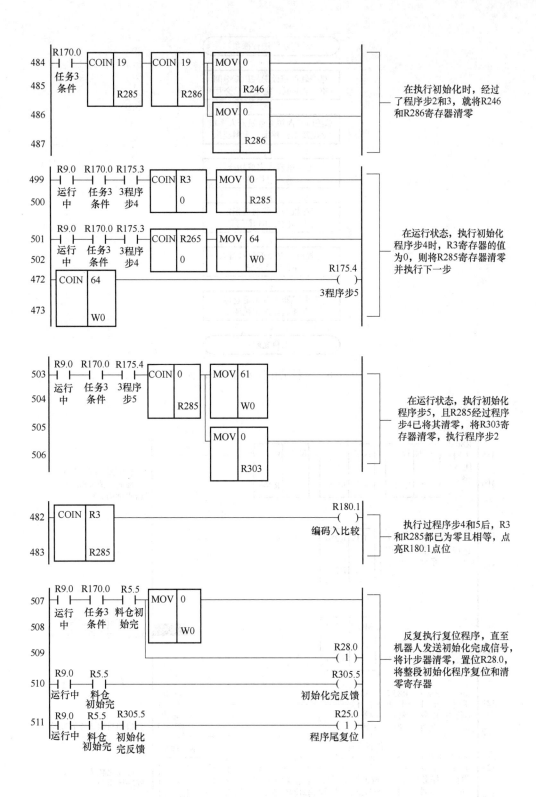

3. 机床上料工作任务的编程与调试

（1）工作流程　机床上料工作任务的工作流程，如图7-6所示。

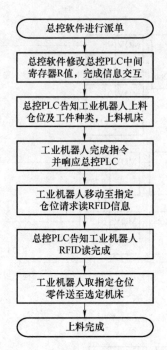

图7-6 上料工作任务的工作流程

（2）示例程序

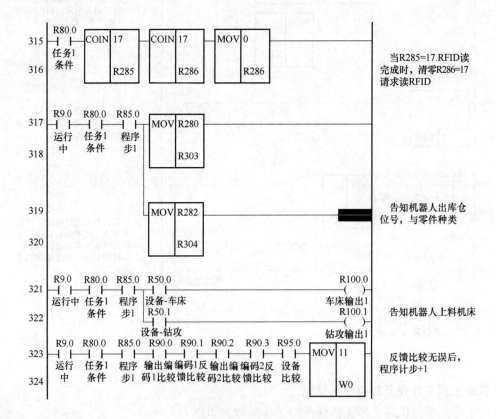

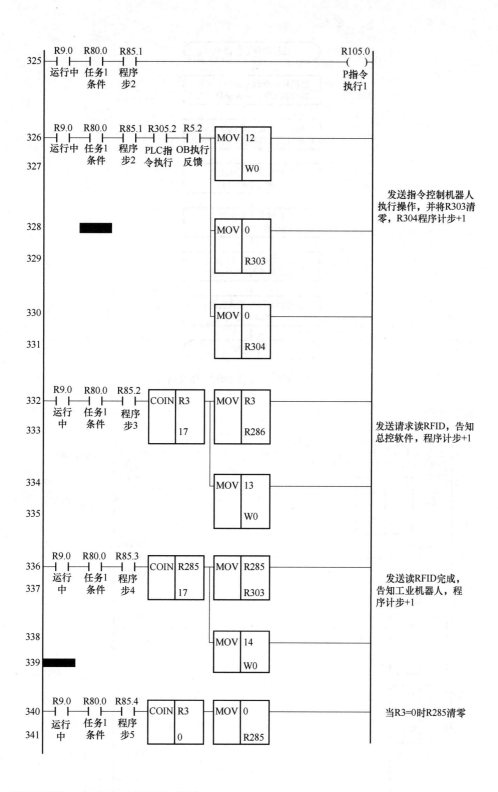

4. 机床下料工作任务的编程与调试

（1）工作流程　机床下料工作任务的工作流程如图7-7所示。

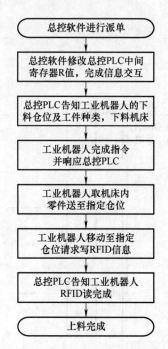

图 7-7　下料工作任务的工作流程

（2）示例程序

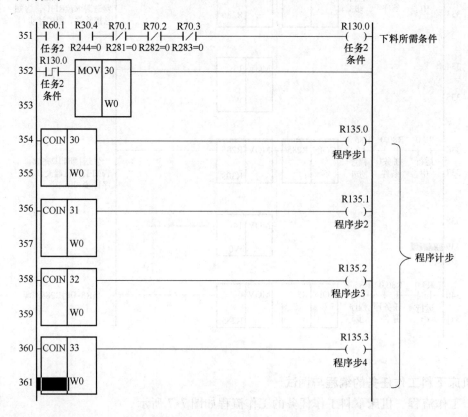

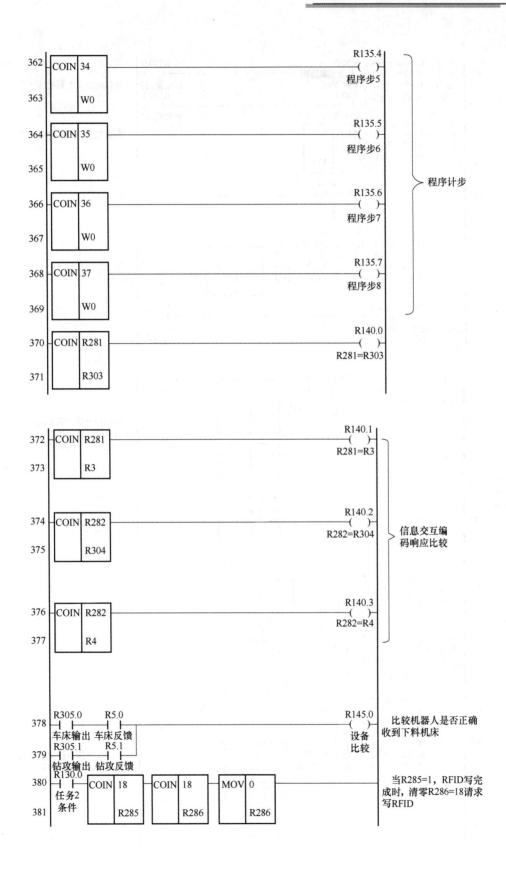

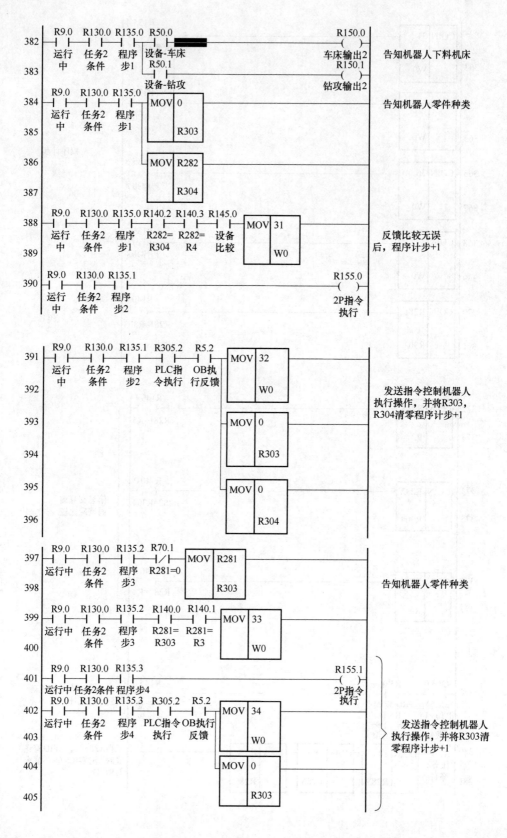

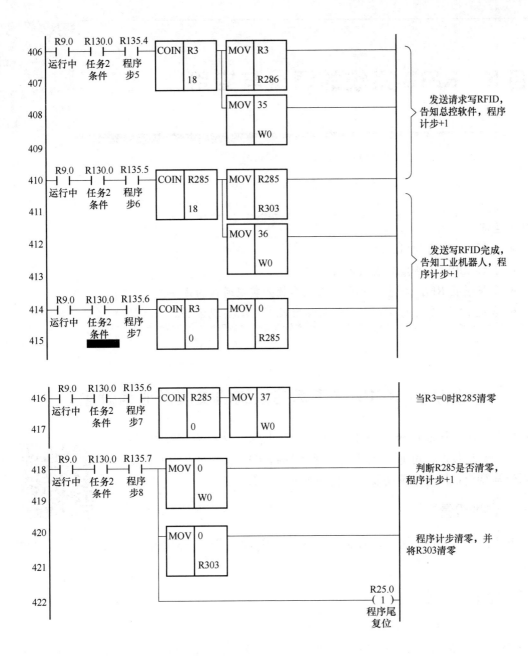

项目 8　RFID 系统的调试与应用

◇ **知识目标**

- 了解 RFID 的控制原理。
- 了解 RFID 的连接及调试方法。
- 掌握设置 RFID 与总控平台的相关参数并实现通信的方法。
- 掌握 RFID 系统的初始化、信息读取及写入的实现方法。

任务 1　RFID 电子标签系统的安装及通信设置

RFID（Radio Frequency Identification，射频识别）又称为无线射频识别，是一种通信技术，可通过无线电信号识别特定目标并读写相关数据，识别系统与特定目标之间不需要建立机械或光学接触。

一、参数设置

打开主控监控软件，进入设置页面，然后对 RFID 的 IP 进行设置，如图 8-1 所示。

10. 什么是 RFID

二、检查与验证

主控软件与 RFID 系统建立通信后，可进行数据读写。

RFID 系统一般都附有随机软件，这些随机软件在 Windows 环境下安装后即可使用。以下是独立运行随机软件的相关设置，以检验 RFID 系统是否已建立连接并正常运行。

（1）通信方式的设置　打开读写器上位机软件，本上位机默认不打开串口。若需要修改串口，需要先关闭已打开的串口，再进行修改。读写器支持的串口配置为：波特率为"115200（旧版为9600）"；校验位为"None"（无）；数据位为"8"位；停止位为"1"位，如图 8-2 所示。

（2）获取用户配置　此软件默认选择的命令为查看用户配置，默认读写器 ID 为"0x00"，如图 8-3 所示。使用此默认信息可查看任何读写器的配置信息，包括读写器的 ID。若只想查看某个读写器的配置信息，只需将读写器 ID 修改为与想查看的读写器 ID 一致即可。

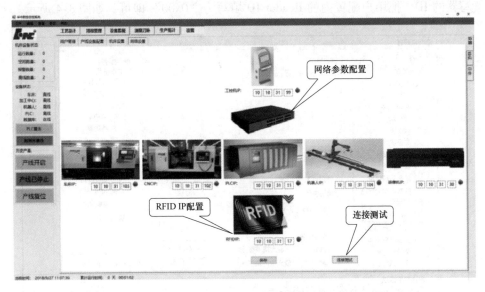

图 8-1　RFID 的 IP 设置

图 8-2　RFID 通信方式的设置

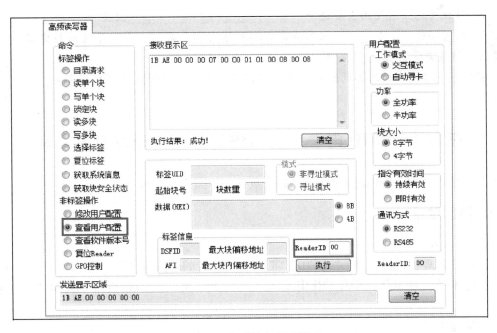

图 8-3　查看用户配置界面

（3）设置用户配置　设置用户配置主要用来修改读写器的工作模式、指令有效时间、通信方式和读写器 ID。功率默认"全功率"即可。修改配置前，需要知道读写器现在的 ID。若不需要修改读写器的 ID，把用户配置内的 Reader ID 填写为 "0x00" 即可，如图 8-4 所示。

图 8-4　修改用户配置界面

【思考与练习】

1. RFID 软件的正常使用需要进行＿＿＿＿＿＿＿、＿＿＿＿＿＿＿以及＿＿＿＿＿＿＿的设置。

2. RFID 可通过＿＿＿＿＿＿识别特定目标并读写相关数据，识别系统与特定目标之间不需要建立机械或光学接触。

3. 若只想查看某个读写器的配置信息，只需将＿＿＿＿＿修改为与想查看的＿＿＿＿＿一致即可。

任务 2　RFID 电子标签系统的数据处理及信息读写

进入总控主页面后，单击并进入数字料仓页面，如图 8-5 所示。

一、料仓盘点

1. HMI 写入

机器人与 PLC 协同轮询 30 个 RFID，将 HMI 上设置的仓位信息写入 RFID 芯片中，同时将信息同步到 MES，使 MES、HMI、RFID 信息完全一致。此功能开始前需要关闭 "信息同步" 功能。

2. 料架盘点

机器人与 PLC 协同轮询 30 个 RFID，将 MES 设置的仓位信息同步到 PLC 并写入 RFID 芯片中，同时将信息同步到 MES，使 MES、HMI、RFID 信息完全一致。此功能开始前需打开 "信息同步" 功能。

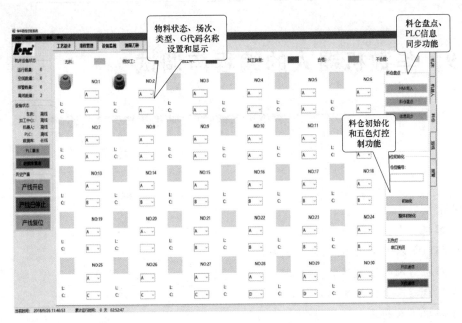

图 8-5　数字料仓页面

3. 信息同步

单击"信息同步"按钮后，MES 将仓位信息同步给 PLC。在正式加工开始前，单击"整体初始化"按钮，清除之前要手动设置的物料信息，并将物料放到料架上，单击"信息同步"按钮，单击"料架盘点"按钮，将订单和仓位信息写到 PLC 和 RFID。料架盘点完成后，在仓位状态发生变化时，将状态同步给 PLC。

二、料位初始化

可人工将指定仓位的物料初始化为"无料"。

1）料仓编号：设置需要初始化的仓位编号。

2）初始化。单击"初始化"按钮后，设定仓位的物料初始化为"默认"状态：场次为 A，材质为铝，类型为 0，状态为 0。

3）整体初始化。单击"整体初始化"按钮后，30 个仓位的物料全部初始化为"默认"状态：场次为 A，材质为铝，类型为 0，状态为 0。

【思考与练习】

1. 简述 RFID 在切削加工智能制造单元中的应用。

2. 简述 RFID 在 MES 中的操作。

项目 9　华数机器人的编程与调试

9

任务 1　机器人夹具的安装与调试

机器人末端执行器一般安装在工业机器人末端法兰盘处，它是机器人直接用于抓取和握紧专用工具进行操作的部件。

一、任务要求

根据提供的机器人末端执行器及 I/O 地址分配来完成机器人末端手爪的安装与调试。

1）完成机器人末端手爪的安装与调试。

2）完成机器人末端手爪与法兰盘的连接。

3）完成夹爪气路的连接（即完成气管与气管接头的连接）。

4）完成夹爪状态检测开关的安装与调试。

11. 机器视觉检测
系统工作原理

二、实训设备

图 9-1 所示为机器人末端手爪，为气动手爪，角度为 90°，手爪上安装 RFID 一体式读写器

（见图 9-2），可读写加工信息和加工状态。机器人夹具的基本参数见表 9-1。机器人末端传感器相关 PLC 的输入输出信号地址定义见表 9-2。

图 9-1 机器人末端手爪

图 9-2 安装完成示意图

表 9-1 机器人夹具的基本参数

序号	项 目		参 数	备 注
1	结构形式		两套气动手爪，角度为90°	
2	气爪型号		HDZ-32	
3	RFID 一体式读写头	型号	SG-HR-I2	
4		无线协议	ISO-15693	
5		工作频率	13.56MHz	
6		输出功率	23dBm	
7		无线速率	26.5kbit/s	
8		读写距离	0~60mm	与天线、标签有关
9		通信接口	RS485	连接到 CPU 通信模块
10		通信速率	115200bit/s	
11		外形尺寸	$\phi30\text{mm}\times92.2\text{mm}$	
12		重量	0.11kg	
13		外壳材料	黄铜镀镍	
14		颜色	黑色 + 银白	
15		固定类型	螺母固定	
16		工作温度	-25 ~ +70℃	
17		存储温度	-25 ~ +85℃	
18		防水防尘等级	IP67	

表 9-2　机器人末端传感器相关 PLC 的输入输出信号地址定义

设备	机器人侧信号	机器人编程信号	信 号 解 释	设备	机器人侧信号	机器人编程信号	信 号 解 释
机器人气爪	X0.0	D_IN 1		机器人气爪	Y0.0	D_OUT 1	机器人电柜报警灯占用
	X0.1	D_IN 2	R1 手爪 1 夹紧到位		Y0.1	D_OUT 2	R1 手爪 1 夹紧
	X0.2	D_IN 3	R1 手爪 1 松开到位		Y0.2	D_OUT 3	R1 手爪 1 松开
	X0.3	D_IN 4	R1 手爪 2 夹紧到位		Y0.3	D_OUT 4	R1 手爪 2 夹紧
	X0.4	D_IN 5	R1 手爪 2 松开到位		Y0.4	D_OUT 5	R1 手爪 2 松开

任务 2　机器人上下料的编程与调试

一、任务要求

通过对该工作站的六关节机器人、模块化综合实训台各个功能模块的认识与实训，可以让学生了解机器人的机械结构组成，学习机器人的基础操作与编程、TCP 标定、机器人 I/O 设置，写出对应操作的实训报告。

12. 机器人选型设计

二、实训设备

（1）功能介绍　为了能适应狭小、多点位、高灵活性的工作要求，需要配置高性能六关节机器人，以适应不同场合的复杂工况要求。

本项目根据工件加工流程、加工机床及设备布局选择 12kg 负载六关节机器人，如图 9-3 所示。

（2）工业机器人的基本参数　工业机器人的基本参数见表 9-3。

（3）机器人附加轴　为了提高机器人的利用率，加大机器人的运行范围，在机器人原有 6 个轴的基础上增加一个可移动的附加轴（即机器人第 7 轴），使机器人能够适应多工位、多机台、大跨度的复杂性工作场所。

图 9-3　工业机器人

表 9-3　工业机器人的基本参数

产品型号	HSR-JR612
自由度	6
最大负载	12kg
最大工作半径	1555mm
重复定位精度	±0.06mm

（续）

产品型号		HSR-JR612
运动范围	J1 轴	±165°
	J2 轴	+165°/-80°
	J3 轴	+135°/-80°
	J4 轴	±180°
	J5 轴	±115°
	J6 轴	±360°
额定速度	J1 轴	148（°）/s（2.58rad/s）
	J2 轴	148（°）/s（2.58rad/s）
	J3 轴	148（°）/s（2.58rad/s）
	J4 轴	360（°）/s（6.28rad/s）
	J5 轴	225（°）/s（3.92rad/s）
	J6 轴	360（°）/s（6.28rad/s）
容许惯性矩	J6 轴	0.17kg·m²
	J5 轴	1.2kg·m²
	J4 轴	1.2kg·m²
容许扭矩	J6 轴	15N·m
	J5 轴	35N·m
	J4 轴	35N·m
适用环境	温度	0~45℃
	湿度	20%~80%
	其他	避免与易燃易爆或腐蚀性气体、液体接触，远离电子噪声源（等离子）
防护等级		Ip54
安装方式		地面安装
本体重量		196kg

三、相关知识

1. 机器人坐标系基本知识

在机器人控制系统中定义了轴坐标系、世界坐标系、基坐标系和工具坐标系，如图9-4所示。

（1）轴坐标系　轴坐标系是机器人单个轴的运行坐标系，可针对单个轴进行操作。

（2）机器人默认坐标系　机器人默认坐标系是一个笛卡儿坐标系，固定于机器人的底部，如图9-4所示。它可以根据世界坐标系表明机器人的位置。

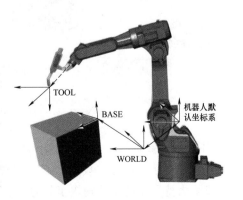

图9-4　机器人坐标系

（3）世界坐标系　世界坐标系是一个固定的笛卡儿坐标系，是机器人默认坐标系和基坐标系的原点坐标系。在默认配置中，世界坐标系与机器人默认坐标系是一致的。

（4）基坐标系　基坐标系是一个笛卡儿坐标系，用来说明工件的位置。默认配置中，基础坐标系与机器人默认坐标系是一致的。修改基坐标系后，机器人即按照设置的坐标系运动。

（5）工具坐标系　工具坐标系是一个笛卡儿坐标系，位于工具的工作点中。在默认配置中，工具坐标系的原点在法兰中心点上。工具坐标系由用户移入工具的工作点。

图9-5　基坐标标定界面

2. 坐标系的标定方法

（1）基坐标3点法标定　坐标标定是通过记录原点、X方向、Y方向的3点，重新设定新的基坐标系。基坐标标定必须选择在默认基坐标系下进行。图9-5所示为基坐标标定界面。

标定方法如下：

1）在菜单中选择"投入运行"→"测量"→"基坐标"→"3点法"。

2）选择待标定的基坐标号，可设置备注名称。

3）移动到基坐标原点，记录原点坐标。

4）移动到标定基坐标的Y方向的某点，记录坐标。

5）移动到标定基坐标的X方向的某点，记录坐标。

6）单击"标定"按钮，程序计算出标定坐标。

7）单击"保存"按钮，存储基坐标的标定值。

8）标定完成后，单击"运动到标定点"按钮，可移动到标定坐标。

（2）工具坐标4点法标定　将待测量工具的TCP从4个不同方向移向一个参照点。参照点可以任意选择。机器人控制系统从不同的法兰位置值中计算出TCP。运动到参照点所用的4个法兰位置必须分散开足够的距离，如图9-6所示。

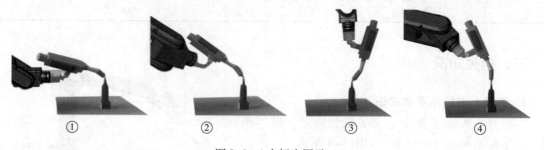

① 　② 　③ 　④

图9-6　4点标定图示

工具坐标系的标定方法如下：

1）在菜单中选择"投入运行"→"测量"→"工具"→"4点法"。

2）为待测量的工具输入工具号和工具名，单击"继续"按钮确认，如图9-7所示。

3）用TCP移至任意一个参照点，单击"记录位置"按钮。单击"确定"按钮确认，如

图 9-8 所示。

4）用 TCP 从一个其他方向朝参照点移动，单击"记录位置"按钮。单击"确定"按钮确认，如图 9-9 所示。

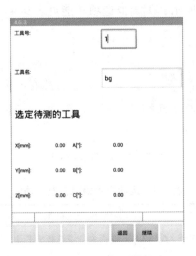

图 9-7 工具坐标系的标定

图 9-8 第一个点位置的测量

图 9-9 第二个点位置的测量

5）将步骤 4）重复两次。

6）单击"保存"按钮 数据被保存，窗口关闭如图 9-10 所示。

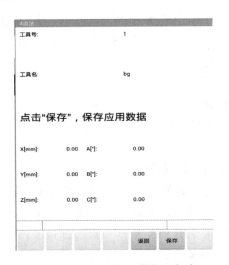

图 9-10 工具坐标系数据的保存

3. 机器人编程指令

（1）运动指令　运动指令包括点位之间的运动 MOVE 和 MOVES，以及圆弧的 CIRCLE 指令。

运动指令编辑框如图 9-11 所示，编辑框选项功能见表 9-4。

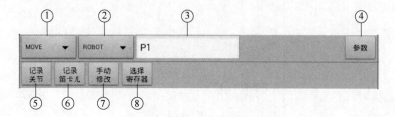

图 9-11　运动指令编辑框

表 9-4　运动指令编辑框选项功能

编号	说　　明
①	选择指令，可选 MOVE、MOVES、CIRCLE 三种指令。当选择 CIRCLE 指令时，会话框会弹出两个点用于记录位置
②	选择组，可选择机器人组或者附加轴组
③	新记录的点的名称，光标位于此时可单击记录关节或记录笛卡儿赋值
④	参数设置，可在参数设置对话框中添加或删除点对应的属性，在编辑参数后，单击"确认"按钮，将该参数对应到该点
⑤	为该新纪录的点赋值为关节坐标值
⑥	为该新纪录的点赋值为笛卡儿坐标
⑦	单击后可打开一个修改各轴点位值的对话框，打开后可进行单个轴的坐标值修改
⑧	可通过新建一个 JR 寄存器或 LR 寄存器保存该新增加点的值，可在变量列表中查找到相关值，便于以后通过寄存器使用该点的位值

1）MOVE 指令：MOVE 指令用于选择一个点位之后，当前点机器人位置与选择点之间的任意运动，运动过程中不进行轨迹控制和姿态控制。添加 MOVE 指令的步骤如下：

① 标定需要插入行的上一行。

② 选择"指令"→"运动指令"→"MOVE"。

③ 选择机器人轴或者附加轴。

④ 输入点位名称，即新增点的名称。

⑤ 配置指令的参数。

⑥ 手动移动机器人到需要的姿态或位置。

⑦ 选中输入框后，单击"记录关节"或者"记录笛卡儿"坐标。

⑧ 单击操作栏中的"确定"按钮，添加 MOVE 指令完成。

2）MOVES 指令：MOVES 指令用于选择一个点位之后，当前点机器人位置与记录点之间的直线运动。添加 MOVES 指令步骤如下：

① 标定需要插入行的上一行。

② 选择"指令"→"运动指令"→"MOVES"。

③ 选择机器人轴或者附加轴。

④ 输入点位名称，即新增点的名称。

⑤ 配置指令的参数。

⑥ 手动移动机器人到需要的姿态或位置。

⑦ 选中输入框后，单击"记录关节"或者"记录笛卡儿"坐标。

⑧ 单击操作栏中的"确定"按钮，添加 MOVES 指令完成。

3）CIRCLE 指令：该指令为画圆弧指令，机器人示教圆弧的当前位置与选择的两个点形成一个圆弧，即三点画圆。添加 MOVES 指令的步骤如下：

① 标定需要插入行的上一行。

② 选择"指令"→"运动指令"→"CIRCLE"。

③ 选择机器人轴或者附加轴。

④ 单击 CirclePoint 输入框，移动机器人到需要的姿态点或轴位置，单击"记录关节"或者"记录笛卡儿"坐标，记录 CirclePoint 点完成。

⑤ 单击 TargetPoint 输入框，手动移动机器人到需要的目标姿态或位置。单击"记录关节"或者"记录笛卡儿"坐标，记录 TargetPoint 点完成。

⑥ 配置指令的参数。

⑦ 单击操作栏中的"确定"按钮，添加 CIRCLE 指令完成。

4）运动参数：各运动参数的名称和说明见表 9-5。

表 9-5　运动参数的名称和说明

名　称	说　明	备　注
VCRUISE	速度	用于 MOVE
ACC	加速比	用于 MOVE
DEC	减速比	用于 MOVE
VTRAN	速度	用于 MOVES
ATRAN	加速比	用于 MOVES
DTRAN	减速比	用于 MOVES
ABS	1—绝对运动，0—相对运动	

（2）条件指令　条件指令用于机器人程序中的运动逻辑控制，包括了 IF THEN、ELSE、END IF 三种指令。其中，IF 和 END IF 必须联合使用，将条件运行程序块置于两条指令之间。

1）IF THEN：选定需要添加 IF 指令的前一行，选择指令→条件指令→IF。单击"选项"，此时可以增加、修改、删除条件，在记录该语句时会按照添加顺序依次连接条件列表，如图 9-12 所示。

单击操作栏中的"确定"按钮，添加 IF 指令完成，如图 9-13 所示。

2）ELSE：选定需要添加 ELSE 指令的前一行，选择指令→条件指令→ELSE，单击操作栏中的"确定"按钮，添加 ELSE 指令完成。

3）END IF：选定需要添加 END IF 指令的前一行，选择指令→条件指令→END IF，单击操作栏中的"确定"按钮，添加 END IF 指令完成。

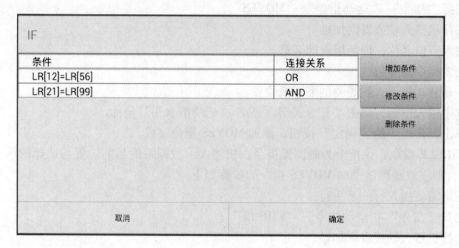

图 9-12　IF 指令条件

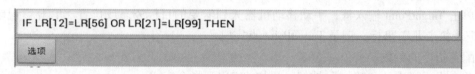

图 9-13　IF 指令添加

（3）流程指令　用于在主程序中添加子程序，关系到程序执行流程。子程序相关指令：SUB、PUBLIC SUB、END SUB、FUNCTION、PUBLIC FUNCTION、END FUCTION。子程序跳转调用相关指令：CALL、GOTO、LABEL。

1）写子程序相关指令：选定需要添加指令的前一行。在指令→流程指令中选择相应的写子程序相关指令，单击操作栏中的"确定"按钮，添加写子程序指令便可完成。其中，SUB、PUBLIC SUB 和 END SUB 必须联合使用，子程序位于两条指令之间。FUNCTION、PUBLIC FUNCTION 和 END FUNCTION 也必须联合使用，子程序位于两条指令之间。子程序常用指令见表 9-6。

表 9-6　子程序常用指令

指　　令	说　　明
SUB	写子程序，该子程序没有返回值，只能在本程序中调用
PUBLIC SUB	写子程序，该子程序没有返回值，能在程序以外的其他地方被调用
END SUB	写子程序结束
FUNCTION	写子程序，该子程序有返回值，只能在本程序中调用
PUBLIC FUNCTION	写子程序，该子程序有返回值，能在程序以外的其他地方被调用
END FUCTION	写子程序结束

2）程序调用：程序调用主要是涉及程序跳转指令 GOTO、LABEL 和 CALL 指令。

① GOTO 指令和 LABEL 指令。程序执行 GOTO 指令后将会跳转到 LABEL 标定的行。选定需要添加指令的前一行，选择指令→流程指令→GOTO，编辑 LABEL 指令，如 GOTO LABEL1,

单击"确认"按钮完成 GOTO 指令的添加。在需要跳转的地方添加 LABEL 指令，更改 LABEL 名为与 GOTO 相同的 LABEL，如"LABEL1"。单击"确认"按钮完成 LABEL 指令的添加。GOTO 指令和 LABEL 指令必须联合使用才能完成跳转。

② CALL 指令。选定需要添加指令的前一行。选择指令→流程指令→CALL。单击"选择子程序"按钮，对话框会列出所有的 lib 子程序，选择需要调用的子程序之后，单击"确定"按钮。单击操作栏上的"确定"按钮完成 CALL 指令的调用，如图 9-14 所示。

图 9-14 调用 CALL 指令

（4）程序指令 程序指令新建程序是自动添加到程序文件中，通常情况下，用户无须修改用户程序，只需写在 ATTACH 指令之后。常用程序指令见表 9-7。

表 9-7 常用程序指令

指 令	说 明
PROGRAM	程序开始
END PROGRAM	程序结束
WITH	引用机器人名称
END WITH	结束引用机器人名称
ATTACH	绑定机器人
DETACH	结束绑定

（5）延时指令 延时指令 DELAY 用于程序行执行前延时的时间，单位为 ms。选中需要延时行的上一行。选择指令→延时指令→DELAY。编辑 DELAY 后的延时毫秒数。单击操作栏中的"确定"按钮，完成延时指令的添加，如图 9-15 所示。

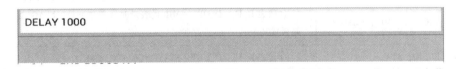

图 9-15 调用延时指令

（6）循环指令 循环指令用于多次执行 WHILE 指令与 END WHILE 之间的程序行，WHILE TRUE 表示程序循环执行，WHILE 指令和 END WHILE 指令必须联合使用才能构成一个循环体。选择指令→循环指令→WHILE。单击"选项"，此时可以增加条件、修改条件和删除条件，在记录该语句时会按照添加顺序依次连接条件列表，如图 9-16 所示。

编辑 WHILE 指令完成后，单击操作栏中的"确定"按钮，完成 WHILE 指令的添加。选中循环的截止位置，选择指令→循环指令→END WHILE。单击操作栏中的"确定"按钮，完成循环指令的添加，如图 9-17 所示。

```
WHILE
条件                                          连接关系          增加条件
LR[12]=LR[56]                                 OR
LR[21]=LR[99]                                 AND             修改条件

                                                              删除条件




            取消                                  确定
```

图 9-16　添加循环条件

```
WHILE LR[12]=LR[56] OR LR[21]=LR[99]

选项
```

图 9-17　添加循环指令

（7）IO 指令　IO 指令包括了 D_IN 指令、D_OUT 指令、WAIT 指令、WAITUTIL 指令、以及 PLU 指令，见表 9-8。其中，D_IN、D_OUT 指令可用于给当前 IO 赋值为 ON 或者 OFF，也可用于在 D_IN 和 D_OUT 之间传值；WAIT 指令用于阻塞等待一个指定的 IO 信号，可选 D_IN 和 D_OUT；WAITUNTIL 指令用于等待 IO 信号，超过设定时限后退出等待；PLUSE 指令用于产生脉冲。

表 9-8　IO 函数表

函　数	参 数 说 明
WAIT（IO，STATE）	IO 代表 D_IN、D_OUT，STATE 代表 ON、OFF
WAITUNTIL（IO，IO，MIL，FLAG）	IO 代表 D_IN、D_OUT，MIL 代表延时（单位 ms），FLAG 表示等待信号是否成功
PLUSE（IO，STATE）	IO 代表 D_IN、D_OUT，STATE 代表 ON、OFF

（8）变量指令　变量指令可分为全局变量 COMMON 指令和局部变量 DIM 指令，变量可用于程序中作为程序中的数据进行运算，如图 9-18 所示。变量可分为添加 SHARED 的变量和不添加 SHARED 的变量，添加 SHARED 之后的变量表示的是共享变量。变量类型包括 LONG 类型、DOUBLE 类型、STRING 类型、JOINT 类型、LOCATION 类型和 ERROR 类型。

对于 JOINT 型和 LOCATION 型变量，可使用图 9-18 中的面板设置变量的坐标值。具体添加步骤如下：

① 选定需要添加变量的上一行。

② 选择指令→变量→全局变量（或局部变量）。

③ 在打开的对话框中，选择 COMMON 或者 DIM 为全局变量或者是局部变量。

④ 选择设置该变量是否为 SHARED 属性，然后选择变量类型。

⑤ 在名字输入框中输入变量的名字，第二个输入框中输入变量的值。

⑥ 单击操作栏中的"确定"按钮完成变量的添加。

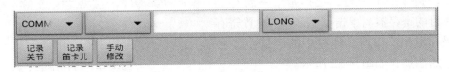

图 9-18　添加变量

（9）坐标系指令　坐标系指令分为基坐标系指令 BASE 和工具坐标系指令 TOOL，在程序中可选择已定义的坐标系编号，以在程序中实现坐标系切换。选中需要切换坐标系的上一行。选择指令→坐标系指令→BASE 或者 TOOL，根据已定义的基坐标系和工具坐标系中选择需要的编号填入输入框。单击操作栏中的"确定"按钮完成坐标系指令的添加，如图 9-19 所示。

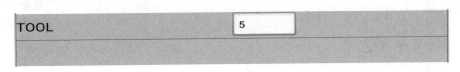

图 9-19　坐标系指令

（10）修调指令　修调指令用于在程序运行时通过设置 SYS. VORD 指令的值来修改运行的速度。选中需要设置修调值的上一行，选择指令→修调指令→VORD，将需要设置的修调值填入输入框（修调值的范围为 1~100）。单击操作栏中的"确定"按钮完成坐标系指令的添加，如图 9-20 所示。

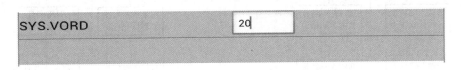

图 9-20　修调指令

（11）同步指令　同步指令用于将位于该语句之前的两条指令同时执行。添加需要同步的两条指令，如 MOVE P1 和 MOVE P2。选定 MOVE P2 指令，选择指令→同步指令→SYNCALL。单击操作栏中的"确定"按钮完成同步指令的添加，如图 9-21 所示。

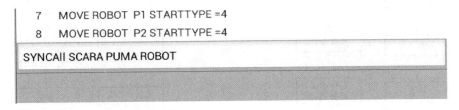

图 9-21　同步指令

（12）寄存器指令　用于添加寄存器，以及使用寄存器进行运算操作。寄存器设置格式为：目的寄存器 = 操作数 1 + 操作数 2 + … + 操作数 N，其中操作数可以为寄存器，也可以为数值。选中需要插入手动指令的上一行，选择指令→寄存器指令，选择目的寄存器。单击"选项"，设置寄存器操作并保存退出。单击操作栏中的"确定"按钮完成指令的添加，如图 9-22 所示。

图 9-22　寄存器指令

（13）事件指令　事件指令用于添加事件。指令包括：

① ONEVETN 事件：条件触发后，进入事件处理的起始位置。

② END ONEVENT：事件处理结束。

③ EVENT ON 事件：开启事件，开启后，一旦条件触发即会进入 ONEVENT 处执行。

④ EVENT OFF 事件：关闭事件。

13. 智能生产线中机器人主程序分析

四、运行节拍流程

机器人的运行节拍流程如图 9-23 所示。

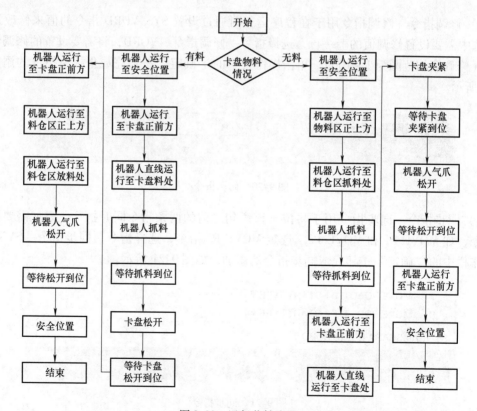

图 9-23　运行节拍流程

机器人卡盘及料仓工件示意图如图9-24所示。

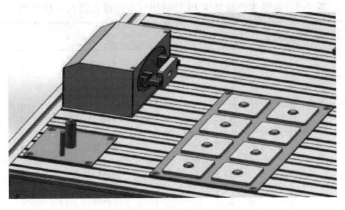

图9-24　机器人卡盘及料仓工件示意图

【思考与练习】

1. 机器人坐标系分为_____、_____、_____、_____以及工具坐标系五种。

2. 机器人基坐标标定为_____，工具坐标系的标定方法为_____。

3. 机器人点位之间的运动指令有_____和_____，圆弧指令有_____。

4. 机器人常见的条件指令有_____、_____、_____。

5. 机器人的子程序跳转指令有_____、_____、_____。

任务3　机器人流程控制的编程与调试

智能生产线系统中，工业机器人作为执行端，机器人与总控上位机及数控机床之间的通信是较为复杂的，在完成机器人编程与调试之前，需要对它们之间的通信关系有比较深刻的理解和掌握。

这里介绍的智能生产线系统中，机器人与其他设备的通信采用的是数字量输入输出的方式。

一、任务要求

根据智能制造运行流程来完成机器人程序的编写与调试。

二、相关知识

1. 机器人与总控PLC之间的I/O通信

机器人与总控PLC之间使用数字量I/O进行通信，机器人的输出对应总控PLC的输入，机器人的输入对应总控PLC的输出。

14. PLC与机器人通信原理

表 9-9、表 9-10 为总控 PLC 与机器人之间通信的信号。

表 9-9　智能生产线总控 PLC 输出对应机器人输入 I/O 通信

序号	总控 PLC 输出信号	机器人输入信号	地 址 定 义	对应机器人编程指令
1	Y1.0	X2.0	料仓取 1#LP	D_IN [17]
2	Y1.1	X2.1	料仓取 2#LP	D_IN [18]
3	Y1.2	X2.2	料仓取 3#LP	D_IN [19]
4	Y1.3	X2.3	放合格品 1#LP	D_IN [20]
5	Y1.4	X2.4	放合格品 2#LP	D_IN [21]
6	Y1.5	X2.5	放合格品 3#LP	D_IN [22]
7	Y1.6	X2.6	放不合格品 1#LP	D_IN [23]
8	Y1.7	X2.7	放不合格品 2#LP	D_IN [24]
9	GND	GND	公共端	
10	Y2.0	X3.0	放不合格品 3#LP	D_IN [25]
11	Y2.1	X3.1	RFID 台取生料命令	D_IN [26]
12	Y2.2	X3.2	RFID 台熟料完成	D_IN [27]
14	Y2.4	X3.4	备用	D_IN [29]

表 9-10　智能生产线总控 PLC 输入对应机器人输出 I/O 通信

序号	总控 PLC 输入信号	机器人输出信号	地 址 定 义	对应机器人编程指令
1	X3.0	Y2.0	料仓取 1#LP 完成	D_OUT [17]
2	X3.1	Y2.1	料仓取 2#LP 完成	D_OUT [18]
3	X3.2	Y2.2	料仓取 3#LP 完成	D_OUT [19]
4	X3.3	Y2.3	放合格品 1#LP 完成	D_OUT [20]
5	X3.4	Y2.4	放合格品 2#LP 完成	D_OUT [21]
6	X3.5	Y2.5	放合格品 3#LP 完成	D_OUT [22]
7	X3.6	Y2.6	放不合格品 1#LP 完成	D_OUT [23]
8	X3.7	Y2.7	放不合格品 2#LP 完成	D_OUT [24]
9	GND	GND	公共端	
10	X4.0	Y3.0	放不合格品 3#LP 完成	D_OUT [25]
11	X4.1	Y3.1	RFID 盘放 LP 完成	D_OUT [26]

（续）

序号	总控 PLC 输入信号	机器人输出信号	地 址 定 义	对应机器人编程指令
12	X4.2	Y3.2	RFID 台取生料完成	D_OUT [27]
13	X4.3	Y3.3	RFID 写熟料信息 1	D_OUT [28]
14	X4.5	Y3.5	RFID 台取 LP 完成	D_OUT [30]

2. 机器人与数控机床之间的 I/O 通信（见表 9-11、表 9-12）

表 9-11　加工中心 PLC 输出对应机器人输入 I/O 通信

序号	数控机床 PLC 输出信号	机器人输入信号	地 址 定 义	对应机器人编程指令
1	Y2.0	X1.0	M1 允许取料	D_IN [9]
2	Y2.1	X1.1	M1 允许放料	D_IN [10]
3	Y2.2	X1.2	M1 卡盘松到位	D_IN [11]
4	Y2.3	X1.3	M1 卡盘紧到位	D_IN [12]

表 9-12　智能生产线总控 PLC 输入对应机器人输出 I/O 通信

序号	数控机床 PLC 输入信号	机器人输出信号	地 址 定 义	对应机器人编程指令
1	X5.0	Y1.0	ROB 取料完成	D_OUT [9]
2	X5.1	Y1.1	请求 M1 卡盘松开	D_OUT [10]
3	X5.2	Y1.2	请求 M1 卡盘夹紧	D_OUT [11]
4	X5.3	Y1.3	ROB 放料完成	D_OUT [12]

3. 机器人内部通信 I/O 信号（见表 9-13）

表 9-13　机器人内部通信 I/O 信号

序号	机器人 PLC 信号	定 　 义	对应机器人编程指令
1	X0.0	R1 手爪 1 夹紧到位	D_IN [1]
2	X0.1	R1 手爪 1 松开到位	D_IN [2]
3	X0.2	R1 手爪 2 夹紧到位	D_IN [3]
4	X0.3	R1 手爪 2 松开到位	D_IN [4]
10	Y0.1	R1 手爪 1 夹紧控制	D_OUT [2]
11	Y0.2	R1 手爪 1 松开控制	D_OUT [3]
12	Y0.3	R1 手爪 2 夹紧控制	D_OUT [4]
13	Y0.4	R1 手爪 2 松开控制	D_OUT [5]

4. 智能生产线运行工艺流程

（1）智能生产线运行流程 智能制造生产线的运行流程如图 9-25 所示。

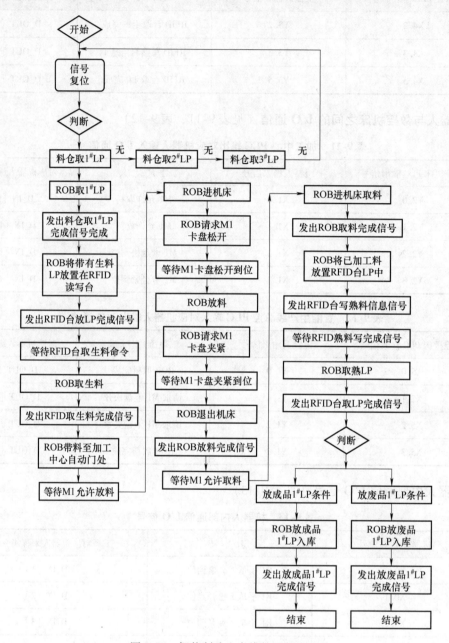

图 9-25 智能制造生产线的运行流程

（2）机器人工作流程的节拍要求及编程调试 加工一个工件时，机器人的工作流程及节拍如下：

1）机器人取生料区料盘。合理地使用机器人末端手爪，从数字化立体料仓中将带有生料件的料盘搬运到 RFID 读写位。

① 根据总控系统发出的搬运条件，搬运对应数字化立体料仓的仓位工件。

② 机器人完成料仓取料盘、RFID 台放料盘后，需要向总控系统发出完成命令。

③ 机器人取料及放料时，需要从垂直方向进行。

④ 合理地控制机器人的运行速度。

2）机器人放料至加工中心。合理地使用机器人末端手爪，将 RFID 读写位生料盘中的生料搬运至加工中心的自动卡盘处。

15. 机器人如何编程实现料仓遍历

① 机器人夹取生料前，需要等待 RFID 台取生料命令，机器人完成 RFID 取生料后，要向总控系统发出完成命令。

② 机器人带料进入加工中心前，需要等待加工中心发出允许放料信号方可进入。

③ 机器人应发出加工中心自动卡盘的松紧命令，且需要检测加工中心发送的卡盘松紧到位信号。

16. 机器人示教中的姿态选取原则

④ 机器人放料完成后，需要给加工中心发出完成命令。

⑤ 机器人放料时，需要从垂直方向进行。

⑥ 合理地控制机器人的运行速度。

3）机器人取已加工料（熟料）。合理地使用机器人末端手爪，将已加工料从加工中心的自动卡盘处搬运至 RFID 读写位的空置料盘中。

① 机器人进入加工中心前，需要等待加工中心发出允许取料信号方可进入。

② 机器人应发出加工中心自动卡盘的松紧命令，且需要检测加工中心发送的卡盘松紧到位信号。

③ 机器人取料完成后，需要向加工中心发出完成命令。

④ 机器人将已加工料放置料盘中后，需要向总控系统发出 RFID 写熟料信息。

⑤ 机器人取料时，需要从垂直方向进行。

⑥ 合理地控制机器人的运行速度。

4）入库。合理地使用机器人末端手爪，将带有已加工工件的料盘搬运至数字化立体料仓对应的位置。

① 总控系统根据在线检测判断结果，发出合格品或不合格品命令，机器人对已加工工件及料盘分类入库。

② 机器人需要等待 RFID 台熟料写完成信号后，才能取料盘。

③ 机器人完成 RFID 台取料盘完成、放合格品或不合格品完成后，需要向总控系统发出完成命令。

④ 机器人取料及放料时，需要从垂直方向进行。

⑤ 合理地控制机器人运行速度。

5）结束本次搬运循环。根据机器人的工作流程及节拍要求，完成机器人的程序编制与调试，实现试加工件、成品加工件和个性化加工件三种工件的完整加工工艺流程。

17. 智能生产线中的机器人示教编程

三、机器人程序的编写与调试

根据智能生产线运行流程及机器人运行节拍，编写及调试机器人程序，以满足智能制造加工需求。表 9-14 为机器人自动完成一个工件的上下料程序。

表 9-14　机器人上下料程序

程序结构	程　　序	程 序 注 释
主程序	IF D_IN［17］= ON THEN	判断取 1# 料仓
	MOVE ROBOT　JR［25］	初始位置
	DELAY ROBOT 100	机器人延时
	MOVE EXT_AXES　P10	过渡点
	DELAY EXT_AXES 100	附加轴延时
	MOVES ROBOT　P11	过渡点
	D_OUT［3］= ON D_OUT［2］= OFF	手爪 1 松开
	CALL WAIT（D_IN［2］, ON）	等待松开到位
	MOVES ROBOT　LR［1］+ LR［20］	取料点上方 5cm 处
	MOVES ROBOT　LR［1］VTRAN = 100	1 工位取料点
	DELAY ROBOT 100	
	D_OUT［2］= ON D_OUT［3］= OFF	手爪 1 夹紧
	CALL WAIT（D_IN［1］, ON）	等待手爪 1 夹紧到位
	MOVES ROBOT　LR［1］+ LR［20］	取料点上方 5cm 处
	MOVES ROBOT　P11	过渡点
	MOVE ROBOT　JR［25］	回初始位置
	CALL PULSE（17, 6000）	取 1#LP 完成
	CALL GORFID	调用到 RFID 生料检测
	CALL GOMILL	调用到数控机床
	CALL GORFIDS	调用到 RFID 熟料检测
	IF D_IN［20］= ON THEN	合格品条件
	CALL PUTQ	调用放合格品的子程序
	END IF	结束符
	IF D_IN［23］= ON THEN	废品条件
	CALL PUTUQ	调用放废品的子程序
	END IF	结束符
	END IF	结束符

（续）

程 序 结 构	程　　序	程 序 注 释
到 RFID 生料检测	SUB GORFID	
	MOVE ROBOT　JR［25］	初始位置
	DELAY ROBOT 100	附加轴移动
	MOVE EXT_AXES　P4	
	DELAY EXT_AXES 100	
	DELAY ROBOT 1000	
	MOVE ROBOT　JR［8］	机器人过渡点
	MOVES ROBOT　LR［4］＋LR［20］	放料点上方 5cm 处
	MOVES ROBOT　LR［4］VTRAN = 100	放料点
	DELAY ROBOT 100	
	D_OUT［3］= ON D_OUT［2］= OFF	手爪 1 松开
	CALL WAIT（D_IN［2］, ON）	手爪 1 松开到位
	MOVES ROBOT　LR［4］＋LR［20］	放料点上方 5cm 处
	DELAY ROBOT 100	
	CALL PULSE（26, 2000）	RFID 放 LP 完成
	MOVE ROBOT　JR［8］	机器人过渡点
	MOVE ROBOT　JR［10］	换爪
	DELAY ROBOT 1000	
	D_OUT［5］= ON D_OUT［4］= OFF	
	CALL WAIT（D_IN［4］, ON）	等待手爪 2 松开到位
	CALL WAIT（D_IN［26］, ON）	等待 RFID 取生料命令
	MOVE ROBOT　LR［5］＋LR［50］	取料点上方 5cm 处
	MOVE ROBOT　LR［5］VCRUISE = 100	取料点
	DELAY ROBOT 1000	
	D_OUT［5］= OFF D_OUT［4］= ON	
	CALL WAIT（D_IN［4］, ON）	等待手爪 2 夹紧到位
	MOVES ROBOT　LR［5］＋LR［50］	取料点上方 5cm 处
	MOVE ROBOT　JR［11］	料仓外等待点
	MOVE ROBOT　JR［25］	回初始位置
	DELAY ROBOT 100	
	CALL PULSE（27, 6000）	发出 RFID 台取生料完成
	END SUB	

（续）

程序结构	程 序	程序注释
	SUB GOMILL	
	MOVE EXT_AXES P55	
	CALL WAIT（D_IN［10］，ON）	等待允许机器人放料信号
	D_OUT［10］= ON D_OUT［11］= OFF	请求机床卡盘松开
	CALL WAIT（D_IN［11］，ON）	等待卡盘松开到位
	MOVE ROBOT P18	
	MOVES ROBOT P17	
	MOVE ROBOT P16	进机床过渡点
	MOVES ROBOT P15	
	MOVES ROBOT P14	
	MOVES ROBOT LR［6］+ LR［20］	取放料点上方 5cm 处
	MOVES ROBOT LR［6］VTRAN = 100	放料点
	DELAY ROBOT 1000	
	D_OUT［4］= OFF D_OUT［5］= ON	手爪 2 松开
	WAIT（D_IN［11］，ON）	等待手爪 2 松开到位
机器人带料进机床	MOVES ROBOT LR［6］+ LR［20］	取放料点上方 5cm 处
	MOVES ROBOT P14	过渡点
	MOVES ROBOT P15	
	D_OUT［10］= OFF D_OUT［11］= ON	请求机床卡盘夹紧
	CALL WAIT（D_IN［12］，ON）	等待卡盘松开到位
	MOVES ROBOT P16	过渡点
	MOVE ROBOT P17	
	MOVES ROBOT P18	
	DELAY ROBOT 1000	
	CALL PULSE（12，6000）	机床放料完成
	CALL WAIT（D_IN［9］，ON）	机床允许取料
	MOVES ROBOT P18	
	MOVES ROBOT P17	
	MOVE ROBOT P16	过渡点
	MOVES ROBOT P15	
	MOVES ROBOT P14	
	MOVES ROBOT LR［6］+ LR［20］	取放料点上方 5cm 处

（续）

程 序 结 构	程　　序	程 序 注 释
机器人带料进机床	MOVES ROBOT　LR［6］VTRAN＝100	机器人取料点
	DELAY ROBOT 1000	
	D_OUT［4］＝ON D_OUT［5］＝OFF	手爪2夹紧
	WAIT（D_IN［11］，ON）	等待手爪2夹紧到位
	D_OUT［10］＝ON D_OUT［11］＝OFF	请求机床卡盘松开
	CALL WAIT（D_IN［11］，ON）	等待卡盘松开到位
	DELAY ROBOT 1000	
	MOVES ROBOT　LR［6］＋LR［20］	取料点上方5cm处
	MOVES ROBOT　P14	过渡点
	MOVES ROBOT　P15	
	MOVE ROBOT　P16	
	MOVES ROBOT　P17	
	MOVES ROBOT　P18	
	DELAY ROBOT 2000	
	CALL PULSE（9，2000）	ROB取料完成
	END SUB	
到 RFID 熟料检测	SUB GORFIDS	
	MOVE EXT_AXES　P4	附加轴移动
	DELAY EXT_AXES 1000	
	MOVE ROBOT　JR［11］	料仓外等待点
	MOVES ROBOT　LR［5］＋LR［50］	取放料点上方5cm处
	MOVE ROBOT　LR［5］VCRUISE＝100	放料点
	DELAY ROBOT 1000	
	D_OUT［5］＝ON D_OUT［4］＝OFF	手爪2松开
	WAIT（D_IN［11］，ON）	等待手爪2松开到位
	DELAY ROBOT 1000	
	MOVES ROBOT　LR［5］＋LR［50］	取放料点上方5cm处

（续）

程序结构	程 序	程序注释
到 RFID 熟料检测	MOVE ROBOT　JR［11］	料仓外等待点
	CALL PULSE（28，2000）	RFID 写熟料信息
	MOVE ROBOT　JR［10］	换爪
	CALL WAIT（D_IN［27］，ON）	等待 RFID 写熟料完成命令
	MOVE ROBOT　JR［9］	机器人过渡点
	MOVES ROBOT　LR［4］+LR［20］	放料点上方 5cm 处
	MOVES ROBOT　LR［4］VTRAN＝100	取料上方点
	DELAY ROBOT 1000	
	D_OUT［2］＝ON D_OUT［3］＝OFF	手爪 1 夹紧
	CALL WAIT（D_IN［1］，ON）	等待手爪 1 夹紧到位
	MOVES ROBOT　LR［4］+LR［20］	放料点上方 5cm 处
	DELAY ROBOT 100	
	CALL PULSE（30，6000）	RFID 台取 LP 完成
	MOVE ROBOT　JR［9］	机器人过渡点
	MOVE ROBOT　JR［8］	机器人过渡点
	END SUB	
放加工成品 1 工位	SUB PUTQ	
	MOVE ROBOT　JR［25］	初始位置
	DELAY ROBOT 100	
	MOVE EXT_AXES　P10	附加轴移动
	DELAY EXT_AXES 100	
	MOVE ROBOT　JR［15］	机器人过渡点
	MOVES ROBOT　LR［7］+LR［20］	放料点上方 5cm 处
	MOVES ROBOT　LR［7］VTRAN＝100	放料点
	DELAY ROBOT 100	
	D_OUT［2］＝OFF D_OUT［3］＝ON	手爪 1 松开
	CALL WAIT（D_IN［2］，ON）	等待手爪 1 松开到位
	DELAY ROBOT 1000	
	MOVES ROBOT　LR［7］+LR［20］	放料点上方 5cm 处
	DELAY ROBOT 100	
	CALL PULSE（20，6000）	发出放成品 1 完成
	MOVE ROBOT　JR［15］	机器人过渡点
	MOVE ROBOT　JR［25］	回初始位置
	END SUB	

（续）

程序结构	程　序	程序注释
放加工废品1工位	SUB PUTUQ	
	MOVE ROBOT　JR［25］	初始位置
	DELAY ROBOT 100	
	MOVE EXT_AXES　P10	附加轴移动
	DELAY EXT_AXES 100	
	MOVE ROBOT　JR［20］	机器人过渡点
	MOVES ROBOT　LR［9］+LR［20］	放料点上方5cm处
	MOVES ROBOT　LR［9］VTRAN=100	放料
	DELAY ROBOT 100	
	D_OUT［2］= OFF D_OUT［3］= ON	手爪1松开
	CALL WAIT（D_IN［2］, ON）	等待手爪1松开到位
	MOVES ROBOT　LR［9］+LR［20］	放料点上方5cm处
	DELAY ROBOT 100	
	CALL PULSE（23, 6000）	放废品1号完成
	MOVE ROBOT　JR［20］	机器人过渡点
	MOVE ROBOT　JR［25］	回初始位置
	END SUB	子程序结束

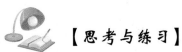

【思考与练习】

1. 机器人与 PLC 之间使用＿＿＿＿＿＿＿进行通信。

2. 智能生产线进行单个零件加工时，运行流程能够分为＿＿＿＿＿＿、＿＿＿＿＿＿、
＿＿＿＿＿和＿＿＿＿＿＿4 个主要部分。

3. 机器人由生料区取料盘时，需要从＿＿＿＿＿＿方向进行。

4. 机器人应发出加工中心自动卡盘的松紧命令，且需检测加工中心发送的＿＿＿＿＿＿
信号。

5. 机器人进入数控机床前，需等待加工中心发出＿＿＿＿＿＿信号方可进入。

6. 按照智能制造生产线的运行流程，简述其中关键信号点的触发顺序。

项目 10　在线检测

任务 1　在线检测系统的组成与安装

本任务是，读懂现场提供的有关测量头的电气原理图，根据电气原理图完成测量头系统的电气硬件接线，同时完成测量头的通电检查。

这里采用哈尔滨先锋机电技术开发有限公司生产的红外测量头 OPS-20（OP-500M），该测量头采用红宝石探针，对工件的外形尺寸、位置进行在线检测。图 10-1 所示为测量头的基本组成部件，测量头与接收器之间采用无线蓝牙连接。

18. 数控机床测头简介

1. 测量头与接收器的参数

（1）测量头　测量头的基本参数如图 10-2 所示。

1）触发精度 <0.002mm。

2）测针长度 50mm。

3）测量速度 <100mm/min。

4）标配测针型号：S-40-179。

5）触发弹力调整范围：500～1000g。

6）可使用测针长度：<120mm。

7）测针保护行程：X/Y 向 > ±12°，-Z 向 >5mm。

图 10-1 OP-500M 测量头系统

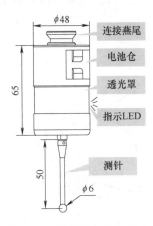

图 10-2 测量头的基本参数

（2）接收器 接收器及其基本参数如图 10-3 所示。

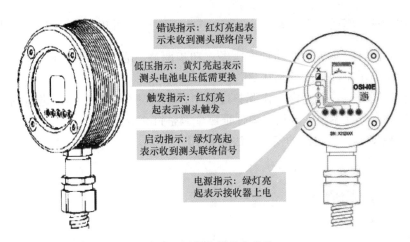

图 10-3 接收器基本参数

1）电源电压：24V ± 2.4V。

2）工作电流：16 ~ 30mA。

3）信号类型：SSR（开关量）。

4）信号负载电压：最大 40V。

5）信号负载电流：最大 100mA。

6）信号导通电阻：<20Ω。

7）标配线缆长度：8m。

8）防护等级：IP68。

2. 安装与调整

（1）安装测针 测针的安装方法如图 10-4 所示。

（2）安装电池 测针电池的安装方法如图 10-5 所示。

（3）测头柄的连接与调整 将测量头先装上刀柄再安装到机床主轴上，然后通过扳手调整测量头，使得测针的径向圆跳动在允许误差范围内，如图 10-6 所示。

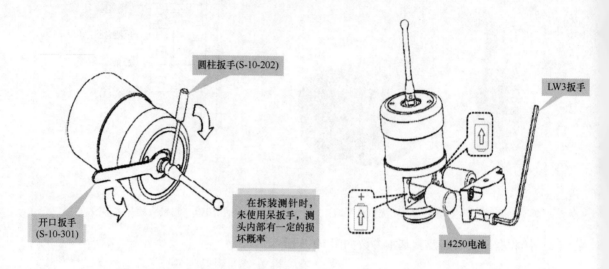

图 10-4　测针的安装方法　　　　　　图 10-5　测针电池的安装方法

产品出厂前，测针与测头柄的同轴度已经过初步调整，通常标定后即可使用。当用户有特殊要求时，可参照图示将同轴度调至 0.002 ~ 0.003mm。

注意：调整钉同时也是紧固钉，在调整过程中，不可完全松开，需渐进地调整各钉使同轴度逐渐达到理想状态。在调整完成后，要保证三个调整钉充分旋紧。

（4）接收器的安装　接收器的安装方法如图 10-7 所示。

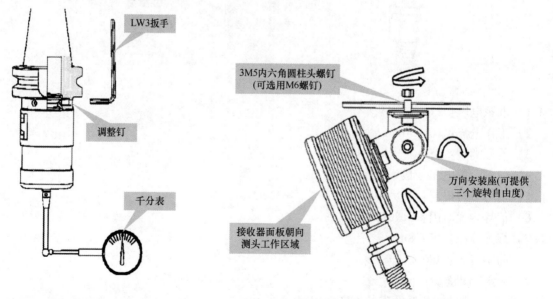

图 10-6　测头柄的连接方法　　　　　　图 10-7　接收器的安装方法

（5）测量头系统的电气连接　具体连接方法如图 10-8 所示。

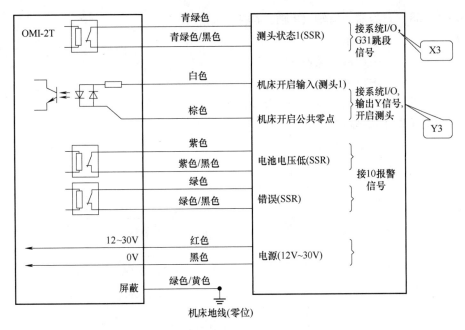

图 10-8 测量头系统的电气连接

 【思考与练习】

1. 加工中心在线测量装置主要包括_____与_____两个部分。

2. 进行测针安装时, 应使用_____避免将测量头损坏。

3. 将测量头安装到机床主轴上后, 通过_____对测量头进行调节, 并使用_____进行测针径向圆跳动检测。

4. 加工中心在线测量装置能够对工件的_____与_____进行在线检测。

5. 在线测量装置的测量头与无线接收器之间使用_____进行连接。

6. 调研常用的测量头的材质有哪些? 它们分别适用于什么场合?

任务 2 在线检测系统与数控 PLC 的逻辑关系处理

本任务是, 在数控机床中编写处理高速跳转信号的 PLC 程序, 并自定义 M 代码作为打开和关闭测量头的指令。

一、相关知识

1. 系统宏变量

#1000 ~ #1008   当前通道轴（9 轴）机床位置

#1009   车床直径编程

#1010 ~ #1018   当前通道轴（9 轴）程编机床位置

#1020 ~ #1028   当前通道轴（9 轴）程编工件位置

#1030 ~ #1038	当前通道轴（9 轴）的工件原点
#1039	坐标系
#1190	用户自定义输入
#1191	用户自定义输出
#1120 ~ #1149	当前正运行程序自变量（A ~ Z）的内容

2. 数控系统 G31 的跳段功能（见图 10-9）

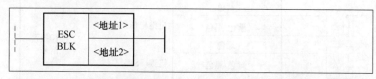

参数	参数格式	数据类型	存储区域	说明	属性
<地址1>	□□□□	INT	常数	需要激活跳段功能的通道	前置○ 后置×
<地址2>	□□□□	INT	常数	G31的序号	

图 10-9　数控系统 G31 的跳段功能

功能说明：通过参数设定需要激活跳段的通道，并通过开关量信号使能该功能。数控系统 G31 的跳段功能应用示例如图 10-10 所示。

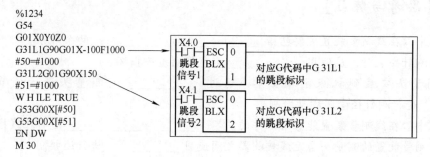

图 10-10　数控系统 G31 的跳段功能应用示例

3. M 代码获取功能（见图 10-11）

参数	参数格式	数据类型	存储区域	说明	属性
<地址1>	□□□□	INT	常数	通道号	前置○ 后置✓
<地址2>	□□□□	INT	常数、Y、G、R、W、D、B	M代码号	

图 10-11　M 代码获取功能

功能说明：获取 M 代码，通过参数 1 选择通道号，参数 2 选择需要判断的 M 代码序号，当该通道获取到了该 M 代码时，则输出"1"，否则输出"0"。应用示例如图 10-12 所示。

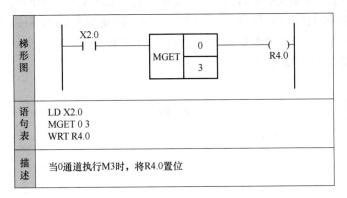

图 10-12　M 代码获取功能应用示例

4. M 代码执行完成功能（见图 10-13）

参数	参数格式	数据类型	存储区域	说明	属性
<地址1>	□□□□	INT	常数	通道号	前置○
<地址2>	□□□□	INT	常数	M代码号	后置×

图 10-13　M 代码执行完成功能

功能说明：当该通道有 M 代码执行完毕时需要对该 M 代码应答，应答完成表示该 M 指令已完成，可以继续执行下面的指令。应用示例如图 10-14 所示。

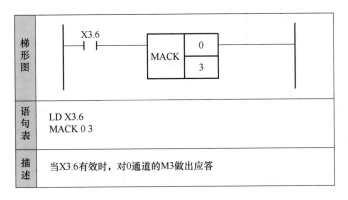

图 10-14　M 代码执行完成功能应用示例

二、打开及关闭测量头的 PLC 程序

定义 M26 用于打开测量头，M27 用于关闭测量头。M26 对应 R316.0，M27 对应 R316.1，再转到 R316.2 用来控制最终的测量头输出 Y3.7 接口，以及 M 代码的完成应答，如图 10-15 所示。P196.12、P196.11 用于通过参数开关来选择采用 M26/M27，还是采用 M28 作为测量头控制指令，本系统采用 M26/M27。

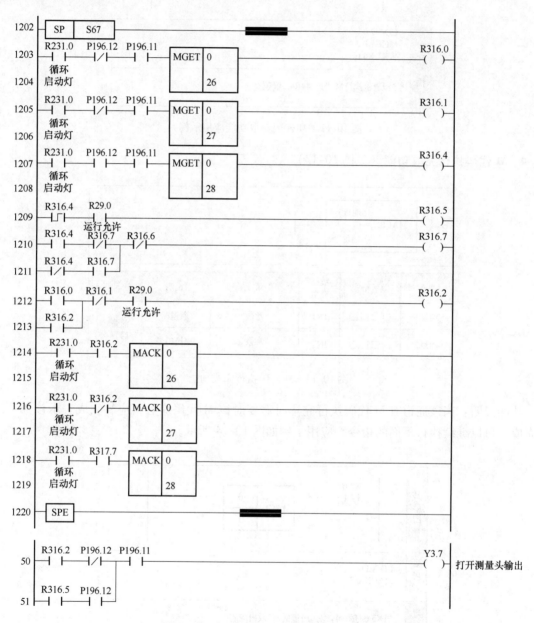

图 10-15　打开与关闭测量头的 PLC 程序

三、G31 功能对应的跳断信号 PLC 处理

如图 10-16 所示，当加工程序执行代码 G31L4 G91G01X100F1000；当测量头触碰工件时，会触发跳断信号，终止该段程序，让轴停止移动。此时，宏变量#1960 = 2^6 = 64。

```
49    X3.7   P196.11                                          R335.1      测量头触碰工件
      ─┤├───┤├──────────────────────────────────────────────( )          的输入信号

32    R335.1  ┌────────┐
      ─┤├─────│ ESC  0 │──────────────────────────────────────────────────
              │ BLK    │
33            │      4 │
              └────────┘

34            ┌──────┐
              │ 1END │───────────────────────────────────────────────────
              └──────┘

812   R335.1  ┌────────┐
      ─┤├─────│ USER 0 │──────────────────────────────────────────────────
              │  IN    │
813           │      0 │
              │        │
814           │      6 │
              └────────┘
```

图 10-16　G31 功能对应的跳断信号 PLC 处理

【思考与练习】

1. 数控系统 G31 的跳段功能是_____。

2. M 代码获取功能模块中地址 1 的功能是_____，地址 2 的功能是_____。

3. 当该通道有 M 代码执行完毕时需要_____，应答完成表示该 M 指令已完成，可以继续下面的指令。

4. 加工中心测量头开启的 M 指令为_____，测量头关闭的 M 指令为_____。

5. 加工测量头的跳段功能使用的机床程序为_____。

6. 编写一段简单测量程序，包括测量头打开、测量头跳段及测量头关闭指令。

任务 3　圆弧、凸台测量程序的编写与在线测量

在华中数控 8 型系统安装测量循环装置后，在机床上用接触式探针可以对工件进行尺寸与角度的测量。可以执行的测量动作包括：X/Y/Z 单个平面位置的测量；两个平面/三个平面的交点位置测量；凸台/凹槽的中点/宽度测量；内孔/外圆的圆心/直径测量；X/Y/Z 平面角度的测量；刀具的长度测量，并且在测量完成后，可以自动设置到工件零点或刀补表中，同时将测量结果输出到宏变量中。

一、子程序说明

O9726：基本二次测量移动。

O9801：测量头长度的标定。

O9802：测量头 X、Y 偏心值的标定。

O9803：测量头 X、Y 方向半径的标定。

O9810：受保护的定位移动。

O9811：X、Y、Z 平面的测量。

O9812：凸台/凹槽的测量。

O9814：内孔/外圆的测量。

O9817：沿 X/Y 方向第四轴角度的测量。

O9830：受保护的刀长生效移动。

O9843：X/Y 平面角度的测量。

O9501：对刀仪刀具长度的测量。

二、配置文件说明

报警文件：USR_SYTAX. TXT。

宏变量配置文件：USERMACROVAR. CFGUSERMACROVAR. DAT。

三、测量头数据说明

输出宏变量列表测量程序所使用的测量头数据（断电保存）：

#600：实际中心与 X 正方向触发点的距离。

#601：实际中心与 X 负方向触发点的距离。

#602：实际中心与 Y 正方向触发点的距离。

#603：实际中心与 Y 负方向触发点的距离。

#604：测量头长度值。

#605：测量头 X 方向的偏心值。

#606：测量头 Y 方向的偏心值。

#607：测量头 X 方向的触发半径。

#608：测量头 Y 方向的触发半径。

#609：测量头二次测量速度（初始设置为 100mm/min）测量程序输出的数据。

#630：X 平面或 X 方向中心位置值（MCS）。

#631：Y 平面或 Y 方向中心位置值（MCS）。

#632：Z 平面位置值（MCS）。

#633：X 方向位置偏差值。

#634：Y 方向位置偏差值。

#635：Z 方向位置偏差值。

#636：尺寸值，宽度/直径。

#637：尺寸偏差值。

#638：角度值［单位：(°)］。

P196.11：工件测量功能开启。当 P196.11 = 1 时，表示开启激活工件测量功能；当 P196.11 = 0 时，表示关闭工件测量功能，工件测量测量头输入点、M 代码及输出点均被屏蔽。

四、保护定位移动测量宏程序 O9810

在测量头的使用过程中，重要的是保护测针，不要让它与工件（或夹具）发生碰撞。正确使用测量头保护定位宏程序 O9810 时，如果发生碰撞，测量头就会停止移动，其工作原理如图 10-17 所示。

当测量头在工件附近移动时，保护测针不被碰撞是很重要的。使用 O9810 这个循环时，若测针触碰到非预期的障碍物，机床立刻停止移动，程序停止，此时需要将轴手动离开障碍物。

（1）应用　选择测量头并将其移到一个安全的位置。在这个地方测量头应该是生效的，调用这个宏程序，测量头就可以移动到某个测量位置。

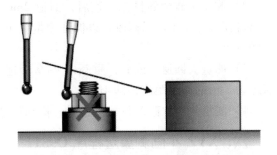

图 10-17　保护定位移动测量宏程序的工作原理

一旦测针发生碰撞，机床就会停止并报警："-8052 碰撞到障碍物，请手动将轴反向离开障碍物"。报警由循环中的指令 G110 P-8052 调用，报警内容在 USR_SYTAX.TXT 中已定义。

（2）使用格式　G90/G91 G65 P9810X_Y_Z_（F_）

1）X/Y/Z：测量头移动的目标位置，同时输入多个轴时，插补移动。

2）F：测量头的移动速度，且 F ≤ 5000，否则报警，"-8058"，表示定位速度 F 值过大。

（3）示例

G54

G90 G0 X20. Y30.

G43 H20 Z100.　　　　移动到安全平面

M26　　　　　　　　开启测量头

G65 P9810 Z10. F3000 保护定位移动

G65 P9726 Z-5.　　　单个平面测量

（4）动作　测量头以 F 的速度移动到目标位置，若中途碰触到非预期的障碍物，则后退 4mm 之后 Z 轴回零并报警。若多轴插补，则每个轴都要后退 4mm。

（5）注意事项　在使用测量头时，机床除了手动移动、测量程序移动之外，必须使用 O9810 进行移动。

五、测量移动宏程序 O9726

此移动宏程序为所有测量过程中使用的基本二次测量循环，无须单独调用，可以根据需要对测量移动的相关参数进行修改，其工作原理如图 10-18 所示。

（1）格式　G90/G91 G65 P9726 X_Y_Z_（F_）

1）X/Y/Z：测量头移动的目标位置，只能输入单个轴，否则不进行任何移动。

2）F：测量头一次触发的移动速度。默认值 F = 1000；F ≤ 2000，否则报警。测量头二次触发的移动速度由变量#609 设定，初始设定为 100mm/min。

（2）动作

1）测量头以给定的移动速度 F 向目标位置定位移动，实际的目标位置为"输入目标位置 + 越程距离"，越程距离默认为"10mm"，可在宏程序中加以修改。

2）测量头碰触到目标位置后，回退 2mm。回退距离可在宏程序中加以修改，以保证测量头正确退出碰触点。

3）测量头回退完成后，重新以#609 慢速速度向前运动 2 倍的回退距离，即 4mm。

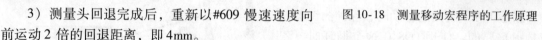

图 10-18　测量移动宏程序的工作原理

4）测量头再次碰触目标位置后，找到精确的位置停止移动，等待后续程序处理数值。

六、XYZ 平面测量宏程序 O9811

该程序用于测量一个平面的位置或多个平面的交点坐标，其工作原理如图 10-19 所示。

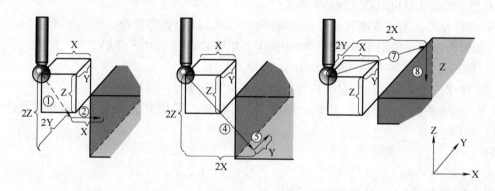

图 10-19　XYZ 平面测量宏程序的工作原理

（1）应用　在主轴定向、测量头刀具长度偏置有效的情况下，将测量头定位移动或手动移动到需要测量的平面或交点的旁边（保证离各个平面都有一定的距离）之后开始测量，其工作原理如图 10-19 所示。

（2）格式　G90/G91 G65 P9811 X_Y_Z_（S_ H_ F_）

1）X/Y/Z：测量起始点与测量点的公称距离（G91）或测量点的位置（G90）。

2）S：要设定的工件坐标系号：1~6 分别对应 G54~G59。

3）H：要设置的刀偏号，不能与 S 同时输入。

4）F：测量定位速度。默认时 F = 1000，F ≤ 2000，否则报警。

（3）动作

① YZ 方向同时移动设定 YZ 距离的 2 倍，此为 X 方向的测量起始点。

② 从 X 方向测量起始点，开始 X 方向测量，完成后返回 X 方向测量起始点。

③ 返回起始点。

④ XZ 方向同时移动设定 XZ 距离的 2 倍，此为 Y 方向测量起始点。

⑤ 从 Y 方向测量起始点，开始 Y 方向测量，完成后返回 Y 方向测量起始点。

⑥ 返回起始点。

⑦ XY 方向同时移动设定 XY 距离的 2 倍，此为 Z 方向测量起始点。

⑧ 从 Z 方向测量起始点，完成后返回 Z 方向测量起始点。

⑨ 返回起始点。

（4）注意事项　调用程序时未输入的 XYZ 距离在移动中将忽略该方向的测量过程，例如仅输入 Y，Z 值不输入 X 值，那么过程①~③将不执行，过程④和⑦中都无 X 方向的移动。

（5）结果　将测得位置写入设定的坐标系中，或将测得位置与公称位置的偏差写入设定的刀补数据中，并输出相关数据至宏变量中。

七、测量主程序

G91 G28 Z0.

G80 G40 G49

G00 G90 G59 X0 Y0

G108　　　　　　　　主轴检测（程序停在该行时，输入 M3S50 解决）

G65 P9810 G43 H16 Z35.

1. 测量高度

测量表面 Z1 和 Z2 点，即测量工件的高度。其测量原理如图 10-20 所示。

若被测物体的高度为 10，则测量程序如下：

测 Z1 点

G65 P9810 Z10 F1000

G65 P9811 Z0 F200

G65 P9810 Z10 F1000

#600 = #632

测 Z2 点

G65 P9810 X30 Y40 F1000

G65 P9811 Z – 10 F200

G65 P9810 Z5 F1000

#601 = #632

#602 = #600 - #601

G91 G28 Z0

G109

M30

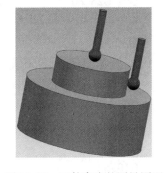

图 10-20　工件高度的测量原理

2. 测量内外径

（1）测量内径　D 后面为被测物体的加工后尺寸，其测量原理如图 10-21 所示。

G65 P9810 Z – 3 F1000

G65 P9814 D50. 0001 F200

G65 P9810 Z5 F1000

G91 G28 Z0

G109

M30

（2）测量外径　以 D = 50.00 的直径为例，程序如下：

G65 P9810 Z10 F1000

G65 P9814 D50.001 Z – 3 F200

G91 G28 Z0

G109

M30

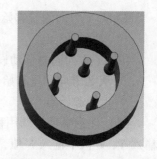

图 10-21　工件内径测量原理

3. 测头半径标定（D 后面的值为环规标准尺寸）

G65 P9810 Z – 3 F1000

G65 P9803 D50.001 F200

G65 P9810 Z5 F1000

G91 G28 Z0

G109

M30

4. 测量凸台（长 50 宽 50 的凸台）

G65 P9810 Z10 F1000

G65 P9812 X100 Z – 3 R5 F200

G65 P9812 Y100 Z – 3 R5 F200

G91 G28 Z0

G109

M30

5. 测量凹槽（长 50 宽 50 的凹槽）

G65 P9810 Z – 3 F1000

G65 P9812 X100 R5 F200

G65 P9812 Y100 R5 F200

G91 G28 Z0

G109

M30

【思考与练习】

1. 数控加工中心接触时测量头能够执行的测量动作有：X/Y/Z 单个平面位置测量、两个平面/三个平面的交点位置测量、_____、_____、_____和_____。

2. 在线测量子程序中，O9803 为_____信号；O9814 为_____信号。

3. 数控系统宏变量中，#603 为_____数据；#607 为_____数据。

4. 为了避免测针与工件（或夹具）发生碰撞，所以要使用_____程序进行保护。

5. 在线测量装置宏程序中，移动测量为_____；平面测量为_____。

6. 编写通过在线检测装置进行工件角度测量的程序命令。

项目 11　数控机床

任务 1　切削智能制造总控系统与数控机床信号的交互处理

一、数控车床的参数设置

根据表 11-1 所示数控车床的技术参数，可进行机床操作和参数设置，完成回零功能操作。

表 11-1　数控车床的技术参数

参 数 说 明	地　　　　址	数　　　值
主轴最高转速参数号、数值	105517	4300
Z 轴切削速度参数号、数值	102035	20000
回参考点模式	100010	0
回参考点方向	100011	1
回参考点偏移值	100013	0
回参考点坐标值	100017	0

二、加工中心的参数设置

根据表 11-2 所示加工中心的技术参数，可进行机床操作和参数设置，完成回零、主轴的定向功能操作。

表 11-2 加工中心的技术参数

参 数 说 明	地 址	数 值
主轴最高转速参数号、数值	105517	11000
X 轴切削速度参数号、数值	100035	10000
Z 轴快速速度参数号、数值	102034	36000
主轴定向完成范围	105537	20
主轴定向速度	105538	300
主轴定向位置	105539	参考值（每台机不相同）：1337
回参考点模式	100010	0
回参考点方向	100011	1
回参考点偏移值	100013	0
回参考点坐标值	100017	0

三、数控机床的功能调试

（1）联机功能　数控机床与 MES 之间建立通信后，与 MES 联机正常。

（2）机床的运行状态　数控机床与 MES 联机正常后，在 MES 中显示数控机床的相应运行状态。

（3）气动门及夹具控制　修改或编辑数控机床的 PLC 梯形图，调试数控机床气动门及自动夹具控制至正常，同时在 MES 或总控 PLC 的 HMI 上显示相应的状态。

（4）吹气功能　修改或编辑数控机床的 PLC 梯形图，调试数控机床吹气控制至正常，同时在 MES 或总控 PLC 的 HMI 上显示相应的状态，并且在总控 PLC 的 HMI 上能够正常控制。其相关 M 代码见表 11-3。

（5）机床报警　在 MES 中能够正常显示数控机床的各种报警。

表 11-3 数控机床 M 代码

机 床 类 型	加工中心	数控车床
自动门开	面板 F3 按键/M110	面板防护门按键/M110
自动门关	面板 F3 按键/M111	面板防护门按键/M111
卡盘夹紧	面板 F4 按键/M11	面板卡盘松紧按键/M11
卡盘松开	面板 F4 按键/M10	面板卡盘松紧按键/M10
机床加工中	M128	M128
机床加工完成	M100	M100
开启吹气	M7	—
关闭吹气	M9	—
换料点确认	—	M150
加工预完成	—	M103

注：车床只有手动运行 MDI 卡盘松紧，如 M128、M10，才可以使用卡盘松开。

四、数控机床气动门、自动夹具控制

1）数控车床的气动门、液压自定心卡盘（即自动夹具）自动控制相关的硬件连接与调试，能够实现开关气动门、自定心卡盘正确可靠地夹紧工件。其相关 M 代码见表11-3。

2）加工中心的气动门、气动虎钳和零点夹具（即自动夹具）自动控制相关的硬件连接与调试，能够实现开关气动门、气动虎钳和零点夹具正确可靠地夹紧工件。其相关 M 代码见表11-3。

五、数控车床和加工中心的网络连接

完成智能制造单元互联互通架构中数控车床和加工中心的网络硬件连接。

（1）机床的 IP 设置

数控车床的 IP 为"192.168.8.15"，端口号为"10001"。

加工中心的 IP 为"192.168.8.16"，端口号为"10001"。

（2）机床连接与调试

1）可以在 MES 计算机 PING 网络是否联通，如果没有联通，检查网线是否拔掉？

2）网线连接正常后，检查机床的网络参数是否开通？

3）若机床的网络参数设置正常，检查 MES 的参数设置是否设置正确？

机床连接成功后 MES 中的显示内容如图11-1 所示。

图 11-1　MES 设备状态显示

六、机内摄像头的安装与调试

数控车床和加工中心机内摄像头以及气动清洁喷嘴的安装与调试，具体要求如下：

1）编写 PLC 程序或者设置机床参数，实现定时吹气、随时手动吹气，如图11-2 所示。

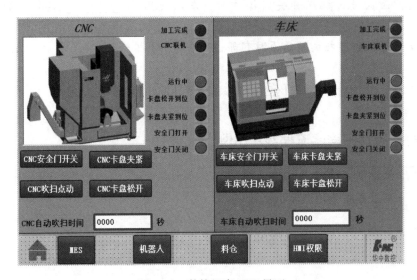

图 11-2　数控机床 HMI 界面

2）通过系统摄像头参数界面，设置摄像头的通信参数，能够清晰地显示图像，如图 11-3 所示。

图 11-3　数控机床摄像头参数界面

 【思考与练习】

1. 数控车床参数设置中与回参考点相关的参数有 _____ 、 _____ 、 _____ 和 _____ 。

2. 加工中心主轴定向功能实现时，需要进行 _____ 、 _____ 、 _____ 部分内容的检测。

3. 智能生产线数控机床运行前，先要进行 _____ 、 _____ 、 _____ 、 _____ 以及机床报警五个部分的设置。

4. 通过数控面板进行机床开关门操作时，车床使用 _____ 按键，加工中心使用 _____ 按键。

5. 机床与 MES 软件连接失败的原因有哪些？如何予以排除？

任务 2　数控机床流程加工程序的设计

一、数控车床加工程序流程嵌套示例

1. 数控车床加工程序流程（见图 11-4）

2. 数控车床加工程序流程嵌套示例程序

%1234

M128　　　　　　　　　　　；CNC 加工中

M11

T0606

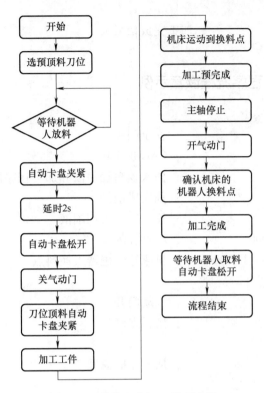

图 11-4 数控车床加工程序流程

```
G00  X0  Z10
G01  Z-5  F200
G04  X2
G04X2
M10
G01  Z10  F500
G00  X300
Z100
M111                              ; 安全门关
M08                               ; 切削液开
                                  ; 插入顶料程序段和加工程序段
G53  G90  G01  X0  F10000         ; 机床移到机器人换料点
G53  G90  G01  Z0  F10000         ; 机床移到机器人换料点
M103                              ; 预完成信号
M05                               ; 关主轴
M09                               ; 关切削液
G04  X2
M110                              ; 气动门开
M150                              ; 换料点确认
```

G04 X2

M100   ；加工完成信号

M30

二、加工中心加工程序流程嵌套示例

%1234

M111   ；安全门关

M128   ；CNC 加工中

            ；插入顶料程序段和加工程序段

M103   ；预完成信号

M05 M09   ；关主轴，关切削液

G53 G90 G01 Z0 F10000   ；Z 轴抬高

G53 G90 G01 X300 Y-2 F10000 ；机床移到机器人换料点

G04 X02

M110   ；气动门开

M150   ；换料点确认

G04 X2

M100   ；加工完成信号

M30

项目 12　智能制造生产线常见故障的排除

任务 1　数控机床自动门的故障检测与排除

机床面板开启后，在保证气压稳定正常的情况下手动状态按开关门按钮，如手动可以实现按钮的开和关，继续测试在 MDI 模式下是否可以完成开关门的动作（且机床不报警），上述操作顺利完成说明机床气动门没有问题。如遇到故障，应先从机床本身完成的动作开始，检查气动门手动和自动情况下是否能完成动作，然后对气路、信号、到位信号、梯形图和气缸等逐一排除。

机床手动状态下气动门没有实现开或关的动作，则应：

1）检查机床的气压是否正常（正常应为 0.5～0.6MPa），手动轻拉气动门（如果气动门没有动作）。

2）检查气动门气路，查看进气、出气两根气管是否反向。

3）检查气动门信号，查看开关门信号是否有误（机床电柜线路及梯形图信号）。

4）检查气动门气缸，看是否与气缸伸缩杆有关。

【思考与练习】

1. 试分析数控车床自动门的工作原理。
2. 试分析加工中心自动门的工作原理。

任务 2　数控机床自动卡盘的故障检测与排除

数控机床面板开启后，车床保证液压起动正常，手动和自动检测卡盘的松开和夹紧动作；加工中心保证气压正常，手动和自动检测卡盘动作。卡盘动作检测完成后带毛坯料继续检测，判断能否夹紧毛坯，车床卡盘正反转是否正常。如果存在故障，由于加工中心为气体供压，车床为液体供压，因此故障的排除方法也有所不同，加工中心主要是检查气路，而车床主要检查液压站，然后检查机床到位信号和主轴旋转是否正常，逐一排除。

一、车床手动卡盘无法完成夹紧和松开动作

1）检查车床液压站是否起动。
2）检查车床卡盘信号和梯形图输出信号。

二、车床在 MDI 模式下卡盘无法完成夹紧和松开动作

在按下循环启动后，检查循环启动灯是否在动作完成后熄灭。如果循环启动灯没有熄灭，应检查车床卡盘有无到位信号；若车床卡盘有到位信号，则看动作完成后信号灯有没有亮起；若车床卡盘没有到位信号，则应检查车床卡盘梯形图。

三、车床卡盘正反转反向

1）在车床坐标轴参数中可以修改。
2）在车床驱动器参数中可以修改。

四、车床卡盘夹料未夹紧

1）检查车床自定心卡盘软爪夹持是否偏心，需要调整卡盘的齿数。
2）检查车床卡盘液压。

五、加工中心手动卡盘无法完成夹和紧松开动作

1）检查机床气路是否正常。
2）检查气动卡盘/虎钳气管是否反向。
3）检查气动卡盘信号。

六、加工中心在 MDI 模式下无法完成夹紧松开动作

因为气动卡盘没有到位信号，所以一般是在梯形图中用延时信号控制，如果循环启动灯没有熄灭而出现报警，应检查梯形图中的信号点位和寄存器点位。

七、加工中心卡盘夹料未夹紧

1）检查加工中心的自定心卡盘软爪夹持是否偏心，需要调整卡盘的齿数。
2）检查加工中心的卡盘气压。

【思考与练习】

1. 试分析数控车床自动（液压）卡盘的工作原理。
2. 数控车床自动（液压）卡盘在工件加工过程中需要注意哪些问题？
3. 试分析加工中心气动虎钳（自动卡盘）的工作原理。
4. 加工中心气动虎钳（自动卡盘）在工件加工过程中需要注意哪些问题？

19. 加工中心维护与保养　　　　　20. 数控车床维护与保养

任务3　工业机器人运行报警的故障检测与排除

一、一般性报警

一般性报警通常是由其他报警导致的，单纯查看一般性报警无法分析报警原因，所以一般性报警基本可以忽略。常见的一般性报警见表12-1。

表12-1　常见的一般性报警

报警号	报 警 信 息
65	Error occurred in the attached motion element（发生在附加运动元件上的错误）
3115	System entered into following mode, all motions aborted（系统进入跟随模式，所有运动中止）
3058	The drive is disabled or in the following mode（驱动器被禁用或处于以下模式）

二、跟踪误差报警

跟踪误差报警是指机器人在运动过程中，因控制器发出的指令位置与驱动器反馈的实际位置差别过大而导致的报警。常见的跟踪性误差报警见表12-2。

表12-2　常见的跟踪性误差报警

报警号	报 警 信 息
3017	Axis following error（轴跟踪误差）
3016	Group envelope error（组信封错误）

表中，3017号报警是轴的报警，每一个轴对应一个驱动器；3016号报警是由机器人TCP（一般为末端法兰中心点）在笛卡儿坐标系中的实际位置与指令位置误差导致的。3016号报警

与 3017 号报警没有直接关系，也就是说，即使每个轴都没有 3017 号报警，仍然不能排除 3016 号报警的可能性。只有当每个轴的跟踪误差都很小的时候，才能完全杜绝 3016 号报警。

控制器的跟踪误差报警与驱动器的跟踪误差报警是两种报警机制，也就是说，控制器和驱动器上了双保险。所以常常会遇到示教器上报跟踪误差，而驱动器却没有报警，这通常是正常现象。其根本解决跟踪误差报警的方法是，调节驱动器参数，减少跟踪误差脉冲的个数。

三、反馈速度超限报警

反馈速度超限报警是指机器人某个轴的运动速度超出了系统中设置的该轴运动速度的最大上限。常见的反馈速度超限报警见表 12-3。

表 12-3　常见的反馈速度超限报警

报警号	报 警 信 息
3082	Feedback velocity is out of limit（反馈速度超限）
3083	Feedback velocity is out of limit when motion is stopped（当运动中止时，反馈速度超限）

在手动 T1、T2 模式下加载并运行程序，如果此时设置的倍率过大（如大于 50%），可能会产生此类报警。其解决方法是，将倍率调小，或者在自动模式下运行该程序。注意：手动模式下为了安全起见对每个轴的最大速度都做了限制，所以手动模式下高倍率运行容易产生此类报警。

如果在自动模式下不定期地产生此类报警，而且驱动器却没有报警，则是由控制器 BOIS 设置不对导致的，请根据华数 II 型数控系统设置 BOIS 的方法手册进行修改。

四、驱动器报警

检查驱动器信息时，示教器上不会显示驱动的报警信息。19004 号报警是华数 II 型数控系统所有报警信息中唯一一个驱动器报警，其他所有报警全部是控制器报警。常见的驱动器报警见表 12-4。注意：在检查驱动器报警信息之前，请不要单击示教器上的"报警确认"键，该按键会清除驱动器报警信息。

表 12-4　常见的驱动器报警

报警号	报 警 信 息
19004	Drive reports error（驱动器报告错误）

五、总线错误报警

总线错误报警是指总线上所连接的设备（如控制器、驱动器、I/O 盒等）的总线出现通信异常导致的报警。通常情况下，该报警是由硬件故障导致的，如设备总线接口松动、接触不良、设备电压不稳、瞬间掉电、短路，或者总线存在干扰源，出现这种报警后需要逐一排查总线上所有连接的硬件设备。常见的总线错误报警见表 12-5，常见的控制器报警见表 12-6，常见的驱动器报警见表 12-7，系统其他常见故障见表 12-8。

表 12-5　常见的总线错误报警

报警号	报 警 信 息
19007	Bus fault（总线错误）

表 12-6　常见的控制器报警

报警号	故 障 说 明	现象或原因	对　策
3115	急停	示教器"急停"按钮或电柜"急停"按钮被拍下	松开"急停"按钮，清除报警
—	示教器网络状态显示"■"（红色矩形）	① 示教器与 HPC 通信水晶头接触不良或未插牢固 ② IP 地址未设置正确 ③ 控制器 HPC 初始化失败	① 机器人通信配置： IP 地址为 10.4.20.100/90.0.0.1 ② 以太网配置： IP 地址为 10.4.20.123/90.0.0.123 子网掩码为 255.255.255.0 ③ 重启系统
—	示教器网络状态显示"■"（黄色矩形）	① 示教器与 HPC 通信失败 ② 示教器硬件故障	① 机器人通信配置： IP 地址为 10.4.20.100/90.0.0.1 ② 以太网配置： IP 地址为 10.4.20.100/90.0.0.1 子网掩码为 255.255.255.0 ③ 更换示教器
3121	机器人在硬限位附近无法上使能，例如："PUMA at axis A2: the target point is not reachable"	① 机器人 A2 轴超软限位 ② 机器人误报点不可达	① 登录用户组"super"关闭软限位，重启系统 ② 手动远离 A2 轴硬限位 ③ 再次登录用户组"super"开启软限位，重启系统
3082	反馈速度超限："Feedback velocity is out of limit"	机器人的实际速度超过了系统设定速度，机器人停止	① 系统故障 ② 反馈技术人员
6029	空文件："Zero file size detected."	不能加载空文件："Cannot load an empty file"	示教器界面"清理系统"
8062	文件名太长："The file name is too long. A file name should contain no more than 8 characters"	文件名超过了 8 个字符："A file name should contain no more than 8 characters."	减小文件名长度
19012	不能上驱动使能："Cannot enable axis/group."	丢失驱动使能信号或者驱动连接错误	检测驱动 EtherCAT 连接是否错误
19013	不能清除驱动错误："Cannot clear fault on drive."	驱动错误持续存在：Fault on drive persists."	查找驱动故障原因，首先解决驱动故障

表12-7 常见的驱动器报警

报警号	报警定义	现象或原因	对 策
b	多摩川电池电压低	持续显示。电池电压接近故障水平	准备更换电池
e	参数存储器和校验失败	闪烁。存储驱动器参数的非易失性存储器为空白或者里面的数据损坏	改装驱动器,或者重新下载参数并保存
e101	FPGA Config 失败	依次显示。FPGA 代码加载失败,驱动器无法操作	与技术支持联系,返修
e105	自测失败	依次显示。上电自测失败,驱动器无法操作	与技术支持联系,返修
e108	母线电压测试电路故障	依次显示。测试母线电压的电路出现故障	重启系统,如果故障依然存在,驱动器可能需要维修,与技术支持联系,返修
F	折返警告	持续显示。驱动器折返电流下降至驱动器折返电流警告阈值以下(MIFOLDWTHRESH)。或电动机折返电流下降至电动机折返电流警告阈值以下(IFOLDWTHRESH)	检查驱动器—电动机配型。该警告在驱动器功率额度相对于负载不够大时可能出现
F1	驱动器折返	依次显示。驱动器的平均电流超出额定的连续电流,电流折返激活,在折返警告出现之后出现	检查驱动器—电动机配型。该警告在驱动器功率额度相对于负载不够大时可能出现。检查换向角是否正确(如换向平衡)
F2	驱动器折返	依次显示。驱动器的平均电流超出额定的连续电流,电流折返激活,在折返警告出现之后出现	检查驱动器—电动机配型。该警告在驱动器功率额度相对于负载不够大时可能出现
Fb2	目标位置超出加速度或减速度限制	依次显示。控制器发出的指令被拒绝,因为电动机会超出加速度或减速度限制,导致驱动器禁用	使能驱动,发送有效的位置指令
Fb3	EtherCAT 断开连接	依次显示。控制器和驱动器断开连接,导致驱动器禁用	重新建立控制器和驱动器之间的 EhterCAT 连接
n	STO 故障	闪烁。驱动器禁用时 STO 信号未连接	检查 STO 接头是否正确连接,如果正常则返修驱动器
n3	发出紧急停止命令	依次显示。定义为紧急停止指示的输入已被激活	检查"急停"按钮是否被拍下,松开"急停"按钮可消除报警
J1	位置误差超出范围	依次显示。位置误差(PE)超出规定范围(PEMAX)	① 检查继电器是否接触不良 ② 检查机器人抱闸是否打开
o	过电压	闪烁。母线电压超出最大值	检查设备是否需要再生电阻
o5	5V 超出范围	依次显示 5V 电源电压低或断电	可能在断电时出现。若未断电,请联系技术支持,返修

（续）

报警号	报 警 定 义	现象或原因	对　策
P	过电流	闪烁。驱动器的输出电流过大。驱动器允许该故障最多连续出现3次，3次之后，驱动器在被强制延时1min后才能重新使能	检查电动机是否有短路和电柜线路是否有短路
r20	反馈编码器故障	依次显示。与反馈装置的通信未能正确初始化	编码器线故障，联系技术支持
r29	绝对编码器电池电压低	依次显示。表示从驱动器数据检测到电池问题的一个误码	断电重启控制柜1~3次，看是否解决，若不能解决，更换电池，然后重置驱动器。如果在驱动器运行时更换电池，可以保留位置信息
u	欠电压	持续显示。母线电压低于最小值。如果变量 UVMODE 是1或2，并且驱动器在使能状态，就会发出欠电压警告	① 检查驱动器上的交流电源连接完好，且开关闭合。最小电压门限可以用 UVTHRESH 命令读出 ② 联系技术支持，更换驱动器看是否还出现，若不出现则返修故障驱动器
u	欠电压	闪烁。母线电压低于最小值。如果变量 UVMODE 是3，并且驱动器在使能状态，就会发出欠电压故障信号	① 检查驱动器上的交流电源连接完好，且开关闭合。最小电压门限可以用 UVTHRESH 命令读出 ② 联系技术支持，更换驱动器看是否还出现，若不出现则返修故障驱动器

表 12-8　系统其他常见故障

序号	故 障 现 象	故 障 原 因	检查及排除方法
1	气爪无动作	气源未打开	打开气源
		电磁阀损坏	更换电磁阀
		气管或接头损坏	更换气管或接头
		气爪损坏	更换气爪
2	气爪卡滞	导向轴不同轴	调整自润滑轴座的位置
		导轴不同轴	调整导轴或更换气爪安装座
3	导轨异常	导轨损坏	更换导轨
		导轨卡滞	调整基板及导轨安装平面
4	机床连接状态离线	网络未连接或网络通信参数设置失败	① 检查网线连接是否正确 ② 检查网络通信参数是否设置正确
5	总控 PLC 连接状态离线	网络通信参数设置不正确或网络未连接	① 检查网络通信参数是否设置正确 ② 检查网线连接是否正确

(续)

序号	故 障 现 象	故 障 原 因	检查及排除方法
6	RFID 读写器连接失败	读写器通信参数设置不正确或读写器通信网线未连接	① 检查通信网线连接是否正确 ② 检查通信参数是否设置正确
7	RFID 读数据失败	读写位设置不合理或 RFID 标签损坏	① 更换 RFID 标签 ② 调整 RFID 读写位置
8	RFID 写数据失败	RFID 标签损坏或读写位设置不合理	① 调整 RFID 读写位置 ② 更换 RFID 标签
9	大数据采集软件 DCAgent 无法读取 SN 码	网络通信参数设置错误	检查网络通信参数是否设置正确
10	HNC-iscope 打开文件失败	① 工艺文件不存在 ② 加工 NC 代码不存在	① 检查工艺文件是否存在 ② 检查 NC 代码是否存在
11	I/O 板有信号输出时，该点位信号控制的执行机构不动作	执行机构不动作或外围其他设备不能进行正常信号交互	检查 I/O 点位和执行机构（外围其他设备）之间的连接线缆是否断开
12	机器人面板给出 I/O 指令，I/O 板上该点位信号输出没有指示灯时，该点位信号控制的执行机构不动作	机构不动作，信号交互不正常	检查线路故障，排除后仍不动作，更换该处 I/O 板

【思考与练习】

1. 跟踪误差报警是指机器人在运动过程中，因控制器发出的_____与_____的实际位置差别过大而导致的报警。

2. 反馈速度超限报警是指机器人某个轴的_____超出了系统中设置的该轴_____。

3. 示教器上不会进行显示的报警类型为_____，但 19004 号除外。

4. 总线错误报警是指_____上所连接的设备，如_____的总线出现通信异常导致的。

5. 机器人示教器显示 F1 的报警原因是_____，对策是_____。

任务4　总控系统常见报警故障检测与排除

一、设备离线

1. 机床离线

1）DCAgent 软件显示机床在线，而生产线总控系统显示机床离线。

第一步，确认生产线总控系统中机床和网络设置页面中机床的 IP 参数是否与机床一致。

第二步，确认 DCAgent 中设置的 DB 编号正确，DB 编号不能一样，DB 编号不能为 0，Redis 数据库中所有数据的 DB 块的 SN 号和 IP 号需要与 DCAgent 一致，不能出现重复的 SN 号和 IP 号。在设置 DCAgent 并保存后，必须刷新 Redis 数据库，如图 12-1 所示。

第三步，对于由数据库数据错误引起的离线，需要关闭所有软件，刷新数据库，再打开软件即可。

第四步，对于由数控系统错误引起的离线，需要重启机床。

2）DC 机床离线，生产线总控系统显示机床离线。

第一步，确认 WindowsServer 和 DCAgent 软件是否正确配置参数。

第二步，采用总控计算机 ping 机床 IP，以确认网络链路是否连通，排除网线、交换机等硬件问题，如图 12-2 所示。

图 12-1　刷新数据库

图 12-2　网络连接通信检测

2. 机器人离线

第一步，检查机器人设备网络地址是否设置正确，网络物理链路是否正常。

第二步，检查生产线总控系统机器人通信参数和接口参数是否配置正确。

3. PLC 离线

第一步，单击生产线总控系统页面上的 PLC 重连按钮。

第二步，检查网线和交换机连接是否正确，保证物理链路接通。

第三步，检查智能生产线系统中 PLC 设备配置页面的 PLC 地址配置是否与实际一样。

第四步，确认 PLC 是否加载了正确的程序，PLC 是否在运行。

4. MES 视频监视模块用户登录失败

第一步，采用总控计算机 ping 录像机，查看网络是否连通。

第二步，确认录像机的 IP 设置正确。

5. RFID 连接失败

第一步，检查总控软件 RFID 的通信参数是否正确。

第二步，检查 RFID 连接线缆是否有问题。

第三步，检查读写器是否工作正常。

6. 工件测量设备离线

第一步，检查工件测量设备是否已开启，测量设备是否报错。

第二步，检查智能生产线总控系统服务器和工件检测网络是否联通。

第三步，检查智能生产线总控系统工件测量设备的参数是否设置正确，智能生产线系统是否显示测量设备处于在线状态。

二、产线报错

1. 刻录机不显示摄像头画面

第一步，硬件连接。

第二步，在计算机上安装 SADPTool3.0.0.14 软件。

第三步，软件自动搜索连接的设备，搜索到设备后记录摄像头的 IP 地址。

第四步，配置录像机的网络。

选择"不启用自动获取 IPv4 地址"，将 IPv4 配置为"192.168.8.30"。在最下面设置内部网卡 IPv4 的地址与摄像头在同一个网段，如摄像头的 IP 为"192.168.254.3"，那么将内部网卡的 IPv4 地址配成"192.168.254.100"。

第五步，配置 IP 通道。重新编辑 IP 通道，修改其添加方式为"手动"，输入 SADP 搜索到的 IP 地址，确定并退出。

第六步，打开智能侦测功能，选择对应的通道并关闭所有侦测功能。

第七步，关闭录像机，等待几分钟后重启录像机，即可播放摄像头视频。

第八步，录像机管理员的名称为"admin"，管理员密码统一设置为"hnc8123456"，请务必统一密码，并不要改动密码。

2. RFID 初始化失败

第一步，检查读写器的高度是否合适。

第二步，检查读写器的距离是否合适。

第三步，检查是否放置带标签的料盘。

第四步，重新启动总控软件。

3. 工件测量数据读取错误

第一步，检查测量模板的设置是否正确。

第二步，检查测量设备是否正常连接。

第三步，检查是否存在网络阻塞或者严重的网络延迟现象。

4. 机床不启动加工

第一步，检查机床是否在线，以及机床是否为"自动"模式。

第二步，检查加工程序是否正常加载。

第三步，检查 PLC 是否给予机床启动信号。

5. 机床启动后突然卡顿或者报错

第一步，确认加机床是否报错。

第二步，确认 M 代码是否正确执行。

第三步，解除错误后开启机床为"自动"模式。

三、智能生产线总控软件错误

1. 打开生产线总控页面显示报错找不到站点或者站点不可访问

第一步，确认生产线总控服务器是否开启电源。

第二步，确认智能生产线总控服务已开启。

第三步，确认智能生产线总控网站已开启。

2. 网页打开后不能正常登录

第一步，检查登录名和密码是否有错误。

第二步，检查数据库的连接是否正常。

3. 按起动按钮后，产线不启动

第一步，确认 PLC 是否连接。

第二步，确认在单击 MES 起动按钮后是否接着开启了总控柜柜体上的起动按钮。

4. 单击"停止"按钮后，产线不停止

第一步，确认 PLC 是否连接。

第二步，确认在单击 MES 停止按钮后是否接着开启了总控柜柜体上的停止按钮。

【思考与练习】

1. 简述机床离线故障检测与排除方法。

2. 简述机器人离线故障检测与排除方法。

3. 简述 PLC 离线故障检测与排除方法。

综合训练篇

项目 13　切削加工智能制造单元控制系统整体流程控制处理

切削加工智能制造单元控制系统包括三个部分：数字化立体料仓、机器人以及加工中心。其整体流程是：首先，系统对各部分的状态进行检测，以确保通信正常，然后检测数字化立体料仓里的生料，再利用搬运机器人搬运料仓里的生料至加工中心，等待加工中心加工完成后，最后让机器人将成料送回数字化立体料仓。

切削加工智能制造单元控制系统的组成及整体流程如图 13-1 所示。

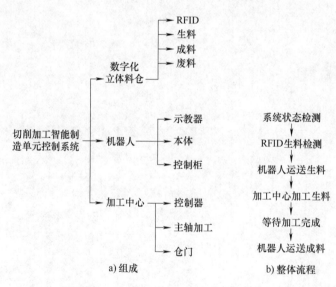

图 13-1　切削加工智能制造单元控制系统的组成及整体流程

一、数字化立体料仓

为了满足制造业、零售业和仓库广泛的存取需求，近年来，各种数字化的立体料仓系统应运而生。与传统仓库相比，它具有如下显著的优点：

1）立体存储，在有限的占地面积内创造更多的存储空间。

2）高效存取，可缩短40% ~ 70%的存取时间。

3）电子管理，通过连接内部管理系统来实现准确的入库、出库登记和盘货。

4）安全可靠，为操作人员和仓储货物提供更多的安全保障。

5）快捷有序，提高了物料的流转速度。

图13-2所示为配置有垂直升降机械和传送带的数字化立体仓库示意图。

图13-2　数字化立体仓库示意图

在智能制造系统中，一般将数字化立体料仓的存储区域分为几块，分别存储制造用的原材料、成品件及废件废品，分别称为"生料区""成料区"和"废料区"。仓库中的原材料，通过数字化立体仓库的垂直升降机械和传送带，到达工业机器人机械手的触及范围内；机械手臂抓取原材料，并将它放置到制造生产线上的合适位置；经过生产线上加工中心的切削加工，生料被加工成熟料及半成品；每个加工件半成品都被贴上产品序列号RFID标签，被RFID芯片识别系统读取后，连带相关制造信息一并记录到产品生产数据库中；最后工业机器人将半成品从生产线上抓取，再次经过传送带和垂直升降机械，存储到数字化立体仓库的成料区；但是若加工过程中出现废料，经系统识别后会被工业机器人抓取到另外的传送带上并存入仓库的废料区。

对于物料或者成品件的标识，通常采用的技术有二维码（QR code）、条形码（Barcode）和RFID标签码。RFID的基本原理是：利用射频信号和空间耦合或雷达反射的传输特性，从一个贴在物品上的叫作电子标签或者RFID标签中读取数据，从而实现对物品的自动识别。图13-3所示为RFID的技术原理。

目前，RFID射频识别技术除了在智能制造领域应用以外，还广泛应用于如图书馆、门禁系统和视频安全等领域。它最重要的优点是"非接触识别"，能穿透雪、雾、冰、涂料、尘垢等，可在条

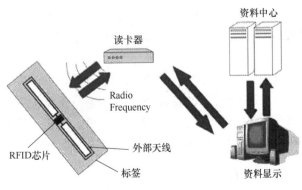

图13-3　RFID的技术原理

形码无法使用的恶劣环境下阅读标签，并且阅读速度极快，大多数情况下不到100ms。此外，RFID技术还具备远距离读取、标签可重复擦写、高储存量等特性，不仅可以帮助大幅提高货物、信息管理的效率，还可以让制造企业和销售企业信息互联，从而更加准确地接收反馈信息，控制需求信息，优化整个供应链。

二、工业机器人系统

工业机器人是面向工业领域的多关节机械手或多自由度的机械装置，它能自动执行工作，是靠自身的动力和控制来实现各种功能的一种机器。它可以接受人类的指挥，也可以按照预先编写的程序自动运行。

工业上广泛使用的工业机器人主要有两种：智能引导车移动机器人和多轴工业机器手臂，如图13-4所示。

a) 智能引导车   b) 多轴工业机器手臂

图13-4　工业机器人的应用形式

这里所使用的机器人为"多轴工业机器手臂"，它广泛应用于各种智能制造系统中，可以连接自动化立体仓库系统和自动化生产线，能够自动输送产品或工件，起到装卸料的作用。生产线上的工业机器人手臂，还能够将零件在各个装配工位精确定位，装配完成后能使完成件及时向后续生产线输送，使工装自动循环以完成下一个工件的装配任务。此外，工业机器人手臂还能组成工作站，完成焊接、涂胶、装箱、码垛等工作，它已经成为现代智能制造系统的核心装备之一。

典型的多轴工业机器人系统，由机器人本体、控制器和示教器三部分组成。图13-5所示为KUKA六轴机器人的三大组成部件，图13-6所示为工业机器人各个部件之间的组成及控制原理。

其中，示教器是进行机器人的手动操纵、程序编写、参数配置以及监控的手持装置，也是最常打交道的机器人控制装置。控制器是根据指令以及传感信息来控制机器人完成一定的动作或作业任务的装置，它是机器人的心脏，决定了机器人性能的优劣。机器人本体结构是机体结构和机械传动系统，也是机器人的支承基础和执行机构。

三、数控加工中心

数控加工中心主要负责对流水生产线上的工件按要求进行切削加工，将生料加工成熟料。

图 13-5　KUKA 六轴机器人的三大组成部件

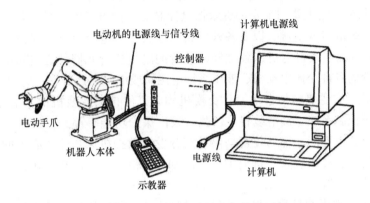

图 13-6　工业机器人的组成及控制原理

加工中心的核心是数控技术（CNC）与数控机床系统。为了适应多品种、小批量生产的自动化，智能制造系统的发展趋势是将若干台数控机床和一台（或多台）工业机器人协同工作，以便加工一组或几组结构形状和工业特征相似的零件，从而向柔性制造方向发展。

数控机床是数字控制机床的简称，是一种装有程序控制系统的自动化机床。该控制系统能够逻辑处理具有控制编码或其他符号指令规定的程序，并将其译码后用代码化的数字加以表示，通过信息载体输入数控装置。经运算处理后由数控装置发出各种控制信号，以控制机床的动作，按图样要求的形状和尺寸自动地将零件加工出来。数控机床能够很好地解决复杂、精密、小批量、多品种的零件加工问题，是一种柔性的、高效能的自动化机床，代表了现代机床控制技术的发展方向，是一种典型的机电一体化产品。图 13-7 所示为常见的数控机床装置外形。

数控机床一般由数控系统、包含伺服电动机和检测反馈装置的伺服系统、数控装置、主传动系统、强电控制柜、机床本体和各类辅助装置组成。对于具有不同功能的数控机床，其组成略有不同。

（1）数控系统　它是机床实现自动加工的核心，主要由操作系统、主控制系统、可编程序控制器和各类输出接口等组成。

（2）伺服系统　它是数控系统与机床本体

图 13-7　常见的数控机床装置外形

之间的电传动联系环节，主要由伺服电动机、驱动控制系统及位置检测反馈装置等组成。其中，伺服电动机是系统的执行元件，驱动控制系统则是伺服电动机的动力源。

（3）数控装置　数控装置（Computer Numerical Control，CNC）是数控机床的核心。现代数控装置均采用 CNC 形式。这种 CNC 装置一般使用多个微处理器，以程序化的软件形式实现数控功能，因此又称为"软件数控（Software NC）"。CNC 系统是一种位置控制系统，它可以根据输入数据插补出理想的运动轨迹，然后输出到执行部件加工出所需要的零件。

（4）主传动系统　它是机床切削加工时传递转矩的主要部件之一，一般分为有级变速和无级调速两种类型。较高档的数控机床都要求实现无级调速来满足各种加工工艺的要求，它主要由主轴驱动控制系统、主轴电动机以及主轴机械传动机构等组成。

（5）强电控制柜　它主要用来安装机床强电控制的各种电气元器件，除了提供数控、伺服等一类弱电控制系统的输入电源，以及各种短路、过载、欠电压等电气保护外，主要在可编程序控制器（PLC）的输出接口与机床各类辅助装置的电气执行元器件之间起桥梁连接作用，即控制机床辅助装置的各种交流电动机、液压系统电磁阀或电磁离合器等。

（6）辅助装置　它主要包括自动刀具交换机构、工件自动变换机构、工件夹紧放松机构、回转工作台、液压控制系统、润滑装置、过载与限位保护功能等部分。机床的加工功能与类型不同，所包含的部分也不同。辅助装置是保证充分发挥数控机床功能所必需的配套装置，常用的辅助装置包括气动、液压装置，排屑装置，冷却、润滑装置，回转工作台和数控分度头，防护及照明等各种辅助装置。

（7）机床本体　它指的是数控机床的机械结构实体。与传统的普通机床相比较，它同样由主传动机构、进给传动机构、工作台、床身以及立柱等部分组成。其中，机床主机是数控机床的主体，它包括床身、底座、立柱、横梁、滑座、工作台、主轴箱、进给机构、刀架及自动换刀装置等机械部件。

随着机床种类的不同，上述各部件可能各有不同。图 13-8 所示为由一台典型的小型立式数控机床构成的加工中心结构示意图。

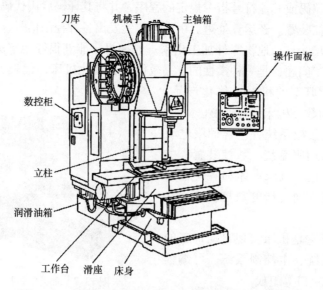

图 13-8　小型立式数控机床构成的加工中心结构示意图

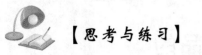

【思考与练习】

1. 切削智能制造控制系统包括三个部分：＿＿＿＿＿＿＿、＿＿＿＿＿＿＿＿以及＿＿＿＿＿＿＿。

2. 数字化料仓与传统料仓相比的优点在于立体存储、安全可靠、＿＿＿＿＿＿、＿＿＿＿＿、＿＿＿＿＿＿。

3. 对于物料或者成品件的标识，通常采用的技术有＿＿＿＿＿＿、＿＿＿＿＿、＿＿＿＿＿。

4. 工业机器人是面向工业领域的＿＿＿＿＿＿＿或多自由度的机械装置，它能自动执行工作，是靠＿＿＿＿＿＿来实现各种功能的一种机器。

5. 典型的多轴工业机器人系统，由＿＿＿＿＿＿、＿＿＿＿＿＿和＿＿＿＿＿＿组成。

6. 数控机床是数字控制机床的简称，是一种装有＿＿＿＿＿＿的自动化机床。

项目 14　切削智能制造个性化产品的设计与加工制造

本项目主要介绍切削智能制造个性化产品的设计与加工制造工具——中望 3D 2017。通过本项目的学习，读者将对中望 3D 2017 的三维建模和加工集成功能有一定了解，为后续的深入学习打下基础。

任务 1　中望 3D 的三维建模

这里将以轴承座为例，讲解中望 3D 的建模特点。一般情况下，有轴承的地方就要有支撑点，轴承的内支撑点是轴，外支撑点就是轴承座。轴承座的结构较为复杂，但主体仍为方块结构，所以在设计建模的过程中，可以通过三维 CAD 设计软件的拉伸、切除、倒角等功能来完成整个轴承座的建模设计。

图 14-1 所示为轴承座的基本建模思路。首先拉伸出模型主体，然后通过"拉伸切除"和"倒角"等操作来完成模型的创建。此外，在创建本实例草图的过程中也会用到镜像和阵列实体等功能。

具体操作步骤如下：

第一步，绘制草图并拉伸。

1) 新建一"零件"类型的文件后，单击"草图"按钮后选择 XY 平面，进入草图绘制界面。

2) 单击"绘图"按钮，绘制如图 14-2 所示的中心线和线框。单击草图工具栏中的"圆角"按钮，在图 14-3 所示位置添加半径为 10mm 的圆角。

3) 单击草图工具栏中的"圆"按钮，在下部缺口水平线的位置绘制一个直径为 12mm 的圆，在所绘制的圆的圆心竖直方向且离顶部线 17.5mm 处绘制一个直径为 12mm 的圆。单击草

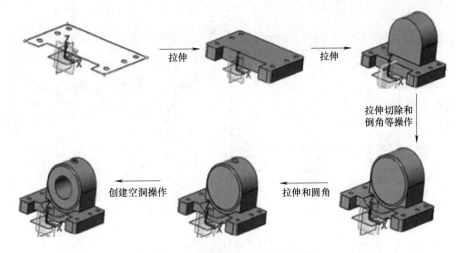

图 14-1　轴承座的基本建模思路

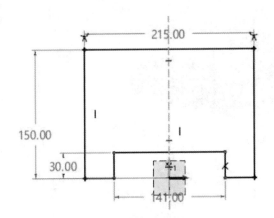

图 14-2　绘制轴承座基本线框

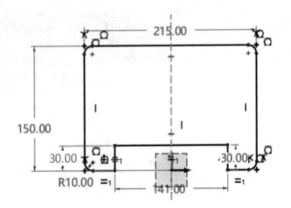

图 14-3　轴承座基础线框倒圆角

图工具栏中的"镜像"按钮，先选择绘制好的圆，再选择中心线为"镜像线"，镜像出两个圆，如图 14-4 所示。

4）单击草图工具栏中的"阵列"按钮，选择上方两个圆为基体，方向向下，数目为 2 个，距离为 40mm，如图 14-5 所示。

5）退出草图界面，单击造型工具栏中的"拉伸"按钮，选择所绘制的草图后拉伸一个厚度为 30mm 的实体，如图 14-6 所示。

6）在实体底部平面绘制如图 14-7a 所示的草图，单击"拉伸"按钮，拉伸出一个厚度为 75mm 的实体，如图 14-7b 所示。

第二步，拉伸切除和圆角处理。

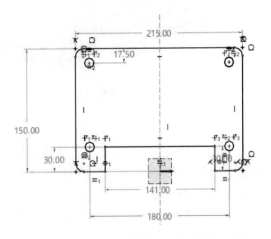

图 14-4　绘制镜像圆操作

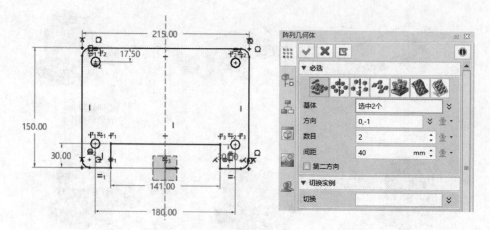

图 14-5　执行阵列操作

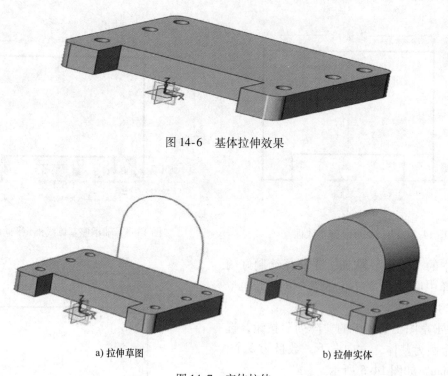

图 14-6　基体拉伸效果

a) 拉伸草图　　　　　　　　　b) 拉伸实体

图 14-7　实体拉伸

1）单击"草图"按钮，选择实体背面为平面，选择预制草图中的"槽"，绘制如图 14-8a 所示的两个槽（可先绘制出一个槽然后镜像出另外一个槽），然后进行完全贯通的拉伸切除操作，如图 14-8b 所示。

2）在如图 14-9 所示的平面绘制一个直径为 140mm 的圆（以右侧实体圆弧为圆心），并进行到指定面的拉伸切除操作。

3）在竖向拉伸体的两个面上分别绘制草图（与实体圆弧同圆心、同大小的圆），向两侧进

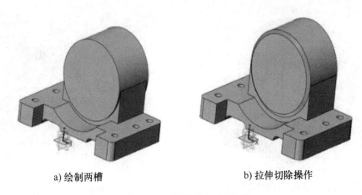

a) 绘制两槽   b) 拉伸切除操作

图 14-8   槽的绘制与拉伸

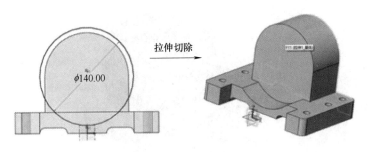

图 14-9   圆拉伸切除操作

行拉伸操作，拉伸距离为 5mm，如图 14-10a 所示，然后选择拉伸出的实体的边线，执行倒角距离为 5mm 的"倒角"操作，如图 14-10b 所示。

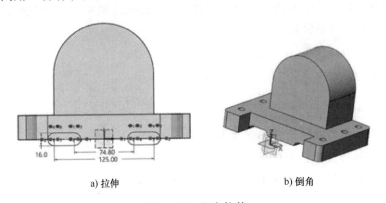

a) 拉伸   b) 倒角

图 14-10   竖向拉伸

4）在实体底部平面绘制一个直径为 18mm 的圆，并向上拉伸 146mm，创建实体，再单击造型工具栏中的"圆角"按钮，设置圆角角度为"1"，如图 14-11 所示。

第三步，孔洞处理。

1）在竖向实体绘制圆，执行拉伸切除操作，竖直圆的直径为 63mm，拉伸切除深度为"完全贯穿"，如图 14-12 所示。

2）单击造型工具栏中的"孔"按钮，选择顶部凸台的圆心同心，绘制一个螺纹孔，最终完成整个模型的创建，如图 14-13 所示。

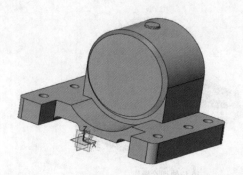

图 14-11　创建顶部"油孔"台体的操作

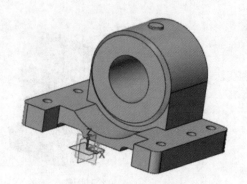

图 14-12　拉伸切除操作

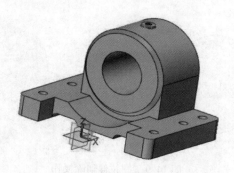

图 14-13　创建顶部油孔后完整模型

经过了上述操作，即可完成对轴承座的快速建模操作。轴承座的型号根据所搭配的轴承不同，或者根据企业的具体情况不同，都会有多种类、多样式的轴承，通过中望 3D 的建模操作即可快速地完成所需轴承座的设计。

【思考与练习】

1. 简述绘制草图的步骤。
2. 拉伸切除和圆角处理的操作有哪些步骤？
3. 怎样进行孔洞的处理？
4. 使用中望 3D 软件完成图 14-14～图 14-19 待加工零件的三维建模设计。

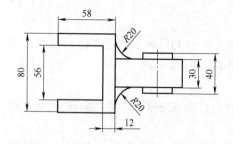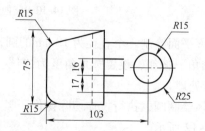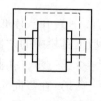

图 14-14　4 题图 1

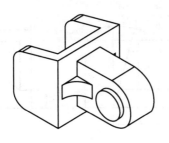

图 14-14　4 题图 1（续）

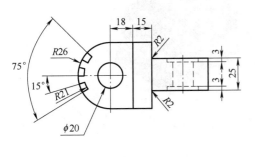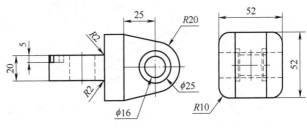

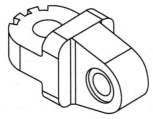

图 14-15　4 题图 2

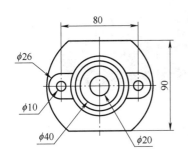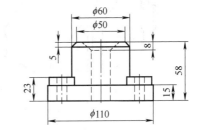

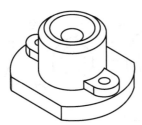

图 14-16　4 题图 3

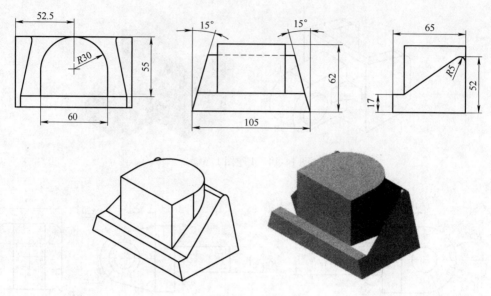

图 14-17　4 题图 4

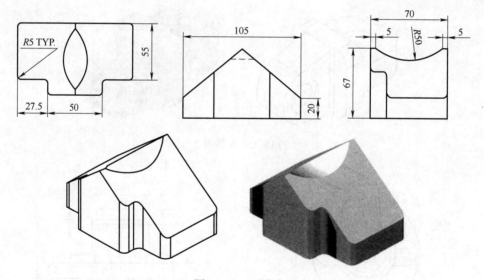

图 14-18　4 题图 5

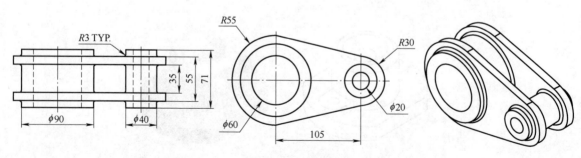

图 14-19　4 题图 6

任务2　中望 3D 的加工集成

这里将以图 14-20 所示产品为实例，介绍中望 3D 2017 在模拟加工领域的功能。图 14-20 为模拟粗加工优化后的加工效果。

第一步，创建工序。

在"3 轴快速铣削模块"选择"二维偏移"命令，系统会出现"选择特征"的窗口，可进行零件和坯料的选择，具体操作可参照图 14-21。

第二步，定义加工刀具和切削参数。

首先根据向导输入刀具参数直径"25R2"，如图 14-22 所示。

接下来，定义限制参数，在"限制刀具中心在坯料边界内"文本框中选择"否"，如图 14-23 所示。

然后定义刀轨参数，在"导轨设置"界面刀轨样式向导选择"坯料"，区域顺序选择"最近距离"，如图 14-24 所示。

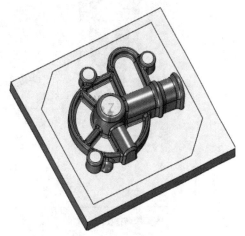

图 14-20　待加工产品

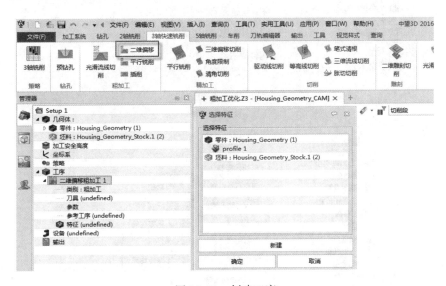

图 14-21　创建工序

第三步，计算刀轨。

在完成各项设置后，单击"计算"按钮即可得到准确的刀轨，如图 14-25 所示。

如果根据加工情况需要增加限制边界，则直接选择边界，如图 14-26 所示，重新进行计算就可以得到所需的刀轨，如图 14-27 所示。

对于增加的限制边界，还可以通过对轮廓特征进行偏移等操作，如图 14-28 所示，从而达到对刀轨进行调整的目的。

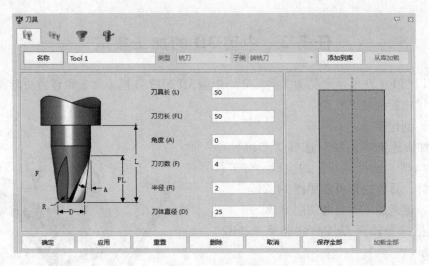

图 14-22　定义刀具

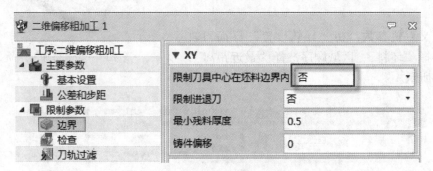

图 14-23　限制边界

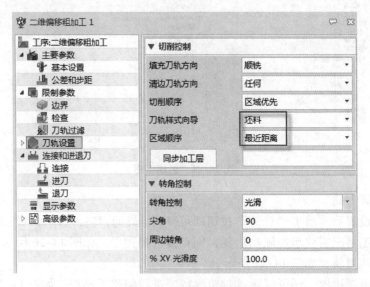

图 14-24　定义刀轨参数

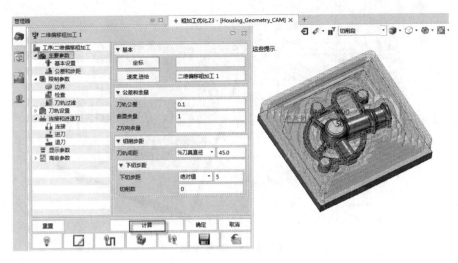

图 14-25　计算刀轨

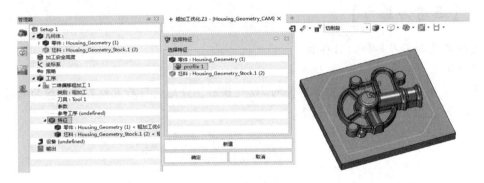

图 14-26　增加限制边界

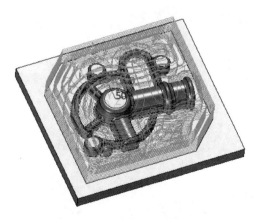

图 14-27　增加限制边界的刀轨

中望 3D 2017 版粗加工的优化操作，可以帮助用户准确快速地完成编程工作，一方面，可确保高效率、高质量加工效果；另一方面，降低了企业的投入成本。这一类集成软件已成为智能制造企业提高效益的三维设计、集成加工的利器。

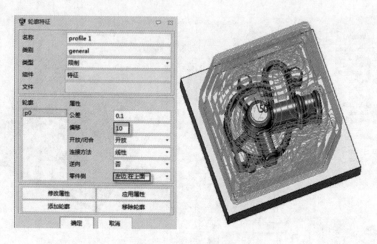

图 14-28　调整轮廓

【思考与练习】

1. 怎样定义加工刀具和切削参数？

2. 怎样定义刀轨参数？

3. 完成图 14-14～图 14-19 中各零件的 3D 建模后，分别进行后置处理并转换为数控机床的加工程序。

项目 15　职业能力八项指标解读

15

一、职业能力的内涵与结构

利用职业能力完成工作任务需要采取的行动或策略，包括动作技能和智慧技能。第一，人的职业能力只能通过实际"行动"来获得和发展，职业能力需要通过完成具体的、真实的任务来培养；第二，职业能力与相应的职业领域是紧密相关的，职业能力的获取不能脱离职业情景；第三，职业能力是人的综合素质的具体体现，其各个能力要素不能被割裂，而应作为整体综合进行培养；第四，职业能力强调在完整的工作任务中解决问题，既需要掌握具体的专业知识，又需要具备通用的思考能力。

二、职业能力的八项指标

职业能力的八项指标及其具体要求见表 15-1。

表 15-1　职业能力的八项指标及其具体要求

序号	职业能力指标	职业能力要求
1	直观性/展示	通过语言或文字描述，利用图样和草图，条理清晰、结构合理地向委托方展示任务完成的工作成果，这是工作交流中必不可少的能力（应描述清楚设计思路或施工计划）
2	功能性	要想解决方案能满足任务要求，实现功能是最基本，也是决定性的要求（满足使用者功能要求）
3	使用价值导向	职业行动、行动过程、工作过程和工作任务始终要以顾客为导向，因为委托方的利益代表了工作成果的使用价值（能被越来越多的使用者所接受）
4	经济性	职业工作受到经济成本的影响，这是一个专业人员解决实际问题能力高低的表现。在工作中，需要不断地估算经济性并考虑各种成本因素（满足功能和使用的前提下，尽量减低成本）
5	企业生产和工作过程导向	以企业生产流程为导向的解决方案会考虑与上下游过程之间的衔接，还考虑跨越每个人的工作领域的部门之间的合作（如模具制造）

（续）

序号	职业能力指标	职业能力要求
6	社会接受度	人性化的工作设计与组织、健康保护以及其他超越工作本身的社会因素，如委托方、客户和社会的不同利益。同时也考虑劳动安全、事故防范以及解决方案对社会环境造成的影响
7	社会接受度	人性化的工作设计与组织、健康保护以及其他超越工作本身的社会因素，如委托方、客户和社会的不同利益。同时也考虑劳动安全、事故防范以及解决方案对社会环境造成的影响
8	创造性	创造性是评价解决方案的一个重要指标。完成任务预留的高度的设计空间（创新和创意）

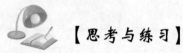

【思考与练习】

1. 职业能力八项指标指的是什么？
2. 职业能力指标的要求是什么？

创意作品案例篇

项目 16 优秀原创作品展示

16

案例 1 机械外部传动装置的设计

一、功能与结构

本机械外部传动装置主要用于小功率电动机的传动，采用联轴器连接电动机，依靠铣削面之间的配合完成传动。这一组合套件能完成电动机转动的轴向传递运动，而四叶草形状的铣削面加工能使这种传动工作进行可选择的咬合和离开，从而实现可控制性传动功能。

A、B 两零件采用间隙配合，中心部位设计了定位孔和定位销，连接部位均设计为对称结构。联轴器的连接部位设计成了类似四叶草的结构，这样能最大限度地保证传动力的方向为轴直径的垂线方向，从而提高传动力矩。其结构示意图如图 16-1 所示。

a) 零件A铣削面   b) 零件B铣削面   c)A、B件车削加工端面

图 16-1 机械外部传动装置结构示意图

二、产品特点

（1）使用价值　由于该方案的"四叶草"形状的传动机构连接具有受力面积大、转矩大等优点，因而可实现小功率电动机输出轴与工作机构的可靠、可控、高效的力的传递。

（2）设计优点　该方案在电动机转动角度可控的前提下，可以使铣削面配合的传动机构在传动过程中进行随意、可控制性的结合。

（3）节能降耗　该方案的传动机构随意可控性结合可以视生产情况而自由脱离，从而在生产过程中降低能耗。

三、节约成本

普通传动轴的耗能主要有自身质量造成的电动机输出力矩无谓损耗、传动转速靠电动机变速控制造成的损耗和连接面不可靠造成的能量损耗三个方面。本方案中"四叶草"形状的传动装置则分别从上述三个方面进行改进：第一步，加工材料选择铝合金，在保证零件强度的前提下降低零件成本和减小零件质量，从而减少能量损耗；第二步，铣面咬合传动方式可随时控制咬合和离开，从而降低电动机转速调节时的耗能；第三步，在传动过程中，"四叶草"形状的传动面既能准确、稳定地传输力矩，又能增大传动接触面积，从而减小传动耗能。该方案的传动轴与传统普通的传动轴相比，能有效地增加接触面积，提高传动力矩，减少接触面的磨损，降低了传动机构本身的损耗，从而节约了使用成本。与普通传动轴能耗对比如下：

（1）普通传动轴耗能方向

1）自身质量加大电动机力矩负担，增大电动机耗能。

2）传动轴转速靠电动机转速调节，增加了供电负担。

3）连接件选择不可靠，导致随动轴不同心而造成供电耗费。

（2）可控传动轴节能方向　铝合金材质减小自身质量，从而减小了电动机力矩负担，节省了电动机耗能。可随时控制传动轴的结合和离开，以此种方法调节传动轴的转速，避免电动机频繁起停产生的供电负担。"四叶草"形连接面既能准确稳定地传输电动机力矩，又能增大传动接触面积，从而减少磨损，降低了传动轴传输力矩的自身损耗。

四、加工预案

加工预案主要是保证人员安全的安全预案和保证加工质量的加工工艺预案，如图16-2所示。这些预案虽然在正常加工过程中都起不到关键作用，但是却为它们的安全生产提供了保障。

五、扩展应用

"四叶草"形状的凹凸铣面不仅能作为印章图案，还能作为冲压模加工成可以佩戴的饰品，如图16-3和图16-4所示。通过这些作品的制作可以充分提高学生的想象力和创造力。

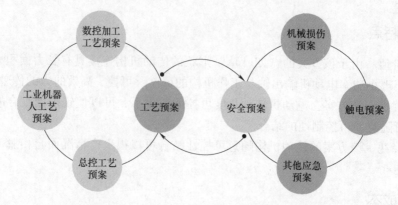

图 16-2　加工预案示意图

图 16-3　"四叶草"印章

图 16-4　冲压模制作的挂件

案例2　金砖国家个性化徽章的设计

一、任务信息的获取

本任务引入"个性化设计＋互联网"下单定制加工，促进"互联网＋"国际制造新业态的形成，进而推动产学研用的国际合作。

二、个性化设计

设计思路是："金砖国家"由巴西（Brazil）、俄罗斯（Russia）、印度（India）、中国（China）、南非（South Africa）五个国家组成。以五国英文首字母以及"一带一路"中"丝绸之路经济带"的沙丘形状、"21世纪海上丝绸之路"的宽阔大海形状组成了这个简洁图标的主要部分，以五国国旗的主要代表颜色及沙漠和大海的颜色为主要图案着色，如图16-5所示。

在该个性化设计中，圆环中如闪电般的线条，表达了青年人对国家经济、科技等发展渴望贡献自己青春力量的决心。

图 16-5　个性化设计徽章

三、节约成本

利用云数控平台可以实时地监控运行中的各台设备，进行健康管理，以便于及时对设备进行维护，大大减少了设备的停机率，也减少了人员的劳动，从而降低了人力劳动的经济支出。

利用SSTT伺服性能优化调整软件，通过网络连接数控系统，获取数控系统轴的采样数据，以波形方式显示轴的速度、位置、角度、负载等实时数据。通过对软件采集和显示数据的分析可以分析伺服性能，配合大数据加工工艺优化软件所采集的加工过程的实时数据，可获得加工过程"心电图"，并建立实时数据、材料去除率和加工程序行之间的对应关系，通过时域和指令域的分析，可以建立不同负荷区与程序行之间的映射关系。基于实测数据优化进给速度，在均衡刀具切削负荷的同时，可有效、安全地提高加工效率，从而在一定程度上节约了成本。

四、商业价值

要将"中国制造2025"与"一带一路"倡议相互对接，推动高端装备走出去。"中国制造2025"的落实，在"一带一路"方面大有可为，将大力推进在高速铁路、航空航天、电力装备、海洋工程等多领域的国际装备制造合作。

智能制造突出了知识在制造活动中的价值和地位，将成为影响未来经济发展过程中制造业的重要生产模式。

案例3　华表柱的设计

一、任务描述

运用CAXA电子图板软件完成华表柱的造型，并通过CAXA电子图板软件中的加工模块完成产品加工代码的编制，通过大数据平台远程将加工程序下发到数控机床中完成产品的加工，产品加工过程中能实时跟踪加工状态、优化加工程序和自动检测产品加工的精度。

二、任务信息的获取

在完成华表柱的设计和制作前，要获取智能制造生产线、工业机器人编程、生产设备、产品加工制造等方面的信息。

三、实施计划的制订

根据任务要求和前面收集的信息来制订计划，开展相关知识的学习，以及方案的制订，华表柱的设计和编程，人员分工等工作。

华表柱是我国一种传统建筑形式，一般设置在宫殿等大型建筑物前面作为装饰物，它富有深厚的中国传统文化内涵，散发出中国传统文化的精神、气质和神韵。华表柱的柱桩采用宋代柱式结构，继承了我国古代优秀的设计理念。华表柱的柱体使用空间凸轮机构进行锁紧，体现了中国传统文化与现代设计的融合。华表柱连接面的一面是一艘帆船，寓意着帆船承载着中国文化漂散到世界各地。

四、实施计划的决策

1. 华表柱的图样绘制与工艺编制

（1）图样绘制

1）新建文件，命名为"gxhhpz. mex"。

2）建立圆柱体草图，定义半径为34mm，高度为90mm，如图16-6所示。

3）绘制柱身草图，如图16-7所示。

图 16-6　草图

图 16-7　柱身草图

4）绘制空间凸轮机构草图，如图16-8所示。

5）绘制立体支柱，如图16-9所示。

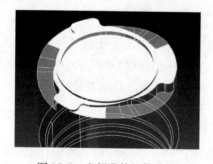

图 16-8　空间凸轮机构草图

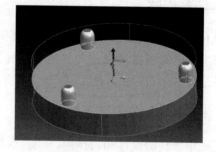

图 16-9　立体支柱

五、任务的实施

方案制订完毕后，需要对整个智能生产线系统进行改造并调试，检查机器人和机床之间能否正确协作并完成零件的加工，测试过程中需要制订测试流程，以保证测试过程中能发现问题，避免发生机器人碰撞、机床加工撞刀等事故发生。任务实施过程需要做好应对各种错误的解决方法、安全防范措施等方面的工作。

六、检查阶段

智能生产线调试完毕后，开始加工前必须对设备、加工毛坯、刀具、夹具、测量头等进行检查和校对，准确无误后才可以进行加工。

1. 加工设备的检查

（1）机床通电前 检查气压、导轨润滑油是否符合要求，刀具是否安装到位，机床外部接线是否完好等。

（2）机床通电后 检查工件坐标系是否正确，IP地址是否正确，测量头是否能正常运行。

（3）机器人通电前 检查气压、气爪是否正常，保证急停、外部接线完好。

（4）机器人通电后 检查各轴的软限位是否在合理的范围内，检查气爪松紧信号灯是否点亮。

2. 毛坯、刀具的检查

（1）毛坯的检查 加工前，需要提前采购毛坯，确定毛坯采购回来的时间，并提前检查毛坯的尺寸和规格，由于毛坯的尺寸余量较大，采用游标卡尺测量单个毛坯的时间较长，人力成本较高。在实际工作中，可以先加工一个标准毛坯作为参考，将其余毛坯单个或者批量对比标准毛坯的尺寸，肉眼观察它们之间尺寸的差别，如果差别较大，将问题毛坯清理出来，用游标卡尺检测毛坯尺寸是否超标，尺寸超标的毛坯坚决不能进入加工环节。

（2）刀具的检查 刀具在使用前必须要先检查刀具的型号、参数以保证加工刀具与编程中的刀具是一样的。

七、任务实施评价

个性化产品加工完成后，应通过成本核算做出评价，以利于后期进一步改进工作流程和方案。个性化产品的成本核算如下：

（1）华表柱原材料的成本核算 毛坯材料为铝合金，牌号为6061，规格为 $\phi68\text{mm} \times 90\text{mm}$，目前6061铝材的市场价格为2.2万元/t，每块毛坯质量为0.931kg，价格为20.50元，每块毛坯的下料费用为3元/块，毛坯成本共计23.50元/块。

（2）华表柱加工费用的核算 本次加工采用钻攻中心与数控车床，这2套设备的单位时间加工费用总计为75元/h，华表柱的加工时间预期为20min，预计每块的加工成本为25元。

（3）华表柱的表面处理费用 华表柱的表面采用阳极氧化，每块成本预计1.5元。华表柱的单价为：23.50元 +25元 +1.5元 =50元。

（4）运输包装费用 单个零件采用纸质包装，费用大约为2.2元/个，产品总质量为190kg，预计运输费用为429元。

根据以上核算，预计整个产品的加工成本为11648元，从设计到制造的加工周期预计为7天。任务经费预计为15000元，预计能节约费用3352元。

案例4 金砖国家智能制造竞赛奖杯的设计

一、设计概要

奖杯作品工艺设计的总体思路，充分考虑"一带一路"的中国元素，结合杭州首次承办金砖国家智能制造竞赛的地方特色，总体设计如图16-10所示。

为了表现"一带一路"，选用了"鹿王"形象作为工艺品的画面核心元素之一。敦煌是丝绸之路的节点城市，以"敦煌石窟"和"敦煌壁画"闻名天下，其中《鹿王本生图》是壁画的主要题材之一。因此，本设计借鉴鹿王形象，代表丝绸之路，同时搭配具有中国特色的祥云图案，两者谐音"一带一路"。其中，"杭"代表杭州，"2017"代表承办年份，设计极具纪念意义。

图 16-10　奖杯总体设计

二、创新性

所谓创新性，一是，设计要素以悠久的中国文化为核心，核心要素取自敦煌石窟、敦煌壁画，彰显了中国特色。二是，选取了"祥云图腾"这一中国文化特色图案，进一步强化了中国特色。三是，"一带""一鹿"的寓意与中国特色的完美与巧妙结合。其中，"祥云图腾"变化设计为带状图案，"鹿"与"路"谐音，丝带、祥云图案既寓意经济带，"一带""一鹿"寓意"一带一路"，颇有异曲同工之妙。

三、智能化

首先，采用数字化工具软件"中望3D"专业版进行三维建模，以获得产品的三维数据。再利用该软件的 CAM 功能，自动生成适用于华数的高速钻攻中心数控机床的加工程序。经智能生产线管理系统远程派单，作品的加工程序可以通过网络远程传输到高速钻攻中心数控机床。在产品的加工过程中，智能生产线总控系统进行大数据的采集与工艺优化，成品件在线检测等基本工作任务。

四、节约成本

1）加工材料采用纯铝，其尺寸为 $\phi 60\mathrm{mm} \times 27\mathrm{mm}$。这个规格的材料便于数字化立体料仓的储存、机器人物料的搬运、数控机床的加工，非常有利于进行大规模生产，便于批量生产及降低成本。

2）最大限度地节省人工成本。物料搬运、加工装夹、加工过程，均可由智能生产线总控系统自动完成，无须人工干预，显著地节约了人工成本。

3）加工过程的工艺优化。在产品的加工过程中，智能生产线总控系统的子系统完成了自动在线检测、大数据采集和在线工艺优化。不仅产品的加工速度快，质量还能得到有效的保障。

4）通过刀具寿命的管理节约成本。利用智能生产线总控系统对刀具的磨损进行自动检测、加工补偿，并进行使用寿命管理。这样一方面保障了产品质量，另一方面还有效地降低了刀具成本。

五、改善之处

1）根据市场需求改进工艺设计。考虑选用不同规格的材料，如木质、骨质材料等，从而形成不同材料质感、价格高低的不同，以适应市场不同消费层次的需求。

2）持续地改进生产工艺，在提升质量的同时提高生产效率，并降低生产成本。内容包括加工程序的优化、刀具选用的优化、机床加工参数的优化和生产管理的优化等。

案例5　金砖国家个性化徽章的定制

一、任务的提出及分析

1. 任务的提出

在如图 16-11 所示的毛坯基础上，利用大赛平台提供的加工中心及加工刀具（ϕ2mm 立铣刀及 0.2mm 雕刻刀），在规定时间内，设计和加工个性化产品。

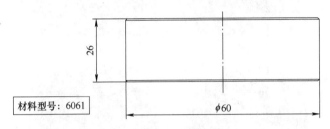

图 16-11　毛坯示意图

2. 任务分析

大赛的目的是促进金砖国家的技能发展和技术交流，搭建金砖国家职业技能发展、工程能力培养和智能技术创新的人才国际合作平台以及"合作、团结、共赢"的发展理念，拟为金砖国家的共同发展设计一个徽章。

二、获取信息

与金砖国家相关的徽标如图 16-12 所示。

图 16-12　金砖国家相关徽标

三、制订计划

设计创作了如下几种产品，如图 16-13 所示。

产品1　　　　　　　　产品2

产品3　　　　　　　　产品4

图 16-13　几种产品设计初稿

四、决策

对以上四种方案进行设计加工，从设计时间、加工时间、加工质量和创意评分 4 个方面进行评价。评价结果见表 16-1。

表 16-1　五种方案产品评价结果

产品序号	设 计 图 形	设计时间/min	加工时间/min	加 工 质 量	创 意 评 分
1		20	30	一般	一般
2		25	27	优秀	合格

（续）

产品序号	设计图形	设计时间/min	加工时间/min	加工质量	创意评分
3		30	35	合格	良好
4		30	25	良好	优秀

下面采用权重综合评价方法对四个工件进行综合评价。每项获得第一的计4分，获得第二的计3分，依此类推。其计算结果见表16-2。

表16-2 决策过程

产品序号	设计时间 (0.2)	加工时间 (0.2)	加工质量 (0.1)	创意评分 (0.5)	综合得分
1	4	2	1	1	1.8
3	3	3	4	2	2.6
4	2	1	2	3	2.3
4	2	4	3	4	3.5

综合以上分析结果，选择4号作品作为获胜作品。

五、实施计划

决定选择第4个产品作为大赛作品。大赛期间，在比赛开始至完成前期的所有操作，大约需要2h，进行零件设计，生成数控代码，上传云平台，派发到加工中心。加工时间控制在30min左右。整个设计到加工时间控制在1h。

六、产品评价

由于设计件中的图案部分采用的是"多义线"构造的轮廓，因此，现场加工件与设计件在图案位置与图形上会有一定的区别。字体大小和加工深度不会有区别，但文字的具体位置与设计图案上会有一定的差别。